U0305091

# 应用型本科高校系列教材·化学化工类

应用型本科高校系列教材 · 化学化工类

# 分离检测实训

张　莉　王红艳　张雪梅 ◎ 主编

中国科学技术大学出版社

## 内 容 简 介

本书为高等院校分离检测实训教材，侧重于实际应用，以实训内容与地方经济生产相结合、传统分离检测技术与现代分离检测技术相结合等为原则进行编写；较全面地介绍了分离科学原理和沉淀分离法、萃取分离法、离子交换分离法、色谱分离法、泡沫分离法、电泳法、膜分离、蒸馏法等主要分离检测技术；满足了地方经济行业和产业生产实际中对分离技术的要求；同时，随着高技术产业的出现，尽可能多地介绍了一些具有良好应用前景的新型分离技术及其应用。

本书适合于高等院校化学、化工、材料等相关学科使用，也可以供从事相关科研和生产的科技工作者参考之用。

**图书在版编目(CIP)数据**

分离检测实训/张莉，王红艳，张雪梅主编. —合肥：中国科学技术大学出版社，2013.1(2020.1 重印)
ISBN 978-7-312-03175-5

Ⅰ. 分…　Ⅱ. ①张…②王…③张…　Ⅲ. 分离—化工过程　Ⅳ. TQ028

中国版本图书馆 CIP 数据核字(2013)第 005576 号

**出版** 中国科学技术大学出版社
安徽省合肥市金寨路 96 号，230026
http://press.ustc.edu.cn
https://zgkxjsdxcbs.tmall.com
**印刷** 合肥市宏基印刷有限公司
**发行** 中国科学技术大学出版社
**经销** 全国新华书店
**开本** 710 mm×960 mm　1/16
**印张** 12.5
**字数** 198 千
**版次** 2013 年 1 月第 1 版
**印次** 2020 年 1 月第 2 次印刷
**定价** 24.00 元

# 前　　言

本书侧重于实际应用，以实训内容与地方经济生产相结合、传统分离检测技术与现代分离检测技术相结合等为原则进行编写；较全面地介绍了分离科学原理和沉淀分离法、萃取分离法、离子交换分离法、色谱分离法、泡沫分离法、电泳法、膜分离、蒸馏法等主要分离检测技术；满足了地方经济行业和产业生产实际中对分离技术的要求；同时，随着高技术产业的出现，尽可能多地介绍了一些具有良好应用前景的新型分离技术及其应用，如超临界(流体)萃取、微波协助溶剂萃取等。

分离检测是一门实用性较强的科学技术，对化学化工、材料科学、生命科学、环境科学、冶金学等领域有着十分重要的科研、教学以及应用价值。

本书分为两部分：第一部分介绍了分离检测的基本原理，共9章；第二部分介绍了分离检测技术，共26个实验。主编为宿州学院张莉教授、王红艳教授和安徽科技学院张雪梅副教授。主要编写人员有张莉(第一部分第1、2章)、王红艳(第一部分第3～5章)、谭志静(第一部分第6章)、曲波(第一部分第7、8章)、王海侠(第一部分第9章、第二部分实验21至实验26)、周丹红(第二部分实验1至实验14)、汪徐春(第二部分实验15)、杨久峰(第二部分实验16、实验17)、张雪梅(第二部分实验18至实验20)。王红艳对全书进行了统稿，张莉对全书进行了审校。

本书的编写获得了应用化学(TS 12156)教育部第六批高等学校特

色专业建设点项目的支持。在本书的编写过程中，各兄弟院校的同志对初稿提出了许多宝贵的意见，宿州学院、安徽科技学院的领导给予了关心与支持，在此一并表示感谢。

由于编者水平有限，编写时间仓促，书中的错误和不妥之处在所难免，恳请同行专家和读者批评指正。

编　　者

2012 年 11 月

# 目　录

## 第二部分 分离检测技术

# 第一部分

## 分离检测的基本原理

自然界中的物质，大多以混合状态存在。这些物质往往需要分离提纯后，才能更好地被利用。随着经济发展和科学技术的进步，分离技术得到了快速发展，涉及复杂物质分析的领域都离不开分离，许多学科的发展在不同程度上也依赖于分离科学的进步。分离技术已经成为一门独立的学科，广泛应用于化工、环保、冶金、生物、食品、医学、电子、原子能、地质等领域，一方面在教学和科学研究中起着重要的作用，另一方面还直接服务于国民经济和生产建设的需要。当今世界快速发展的多个学科领域，如材料科学、生命科学、环境科学、医药学、信息科学等领域的基础和应用研究，都离不开各种类型的分离检测。分离检测技术是衡量一个国家经济与科技发展水平的重要标志之一。

# 第1章　分离科学及分离技术

## 1.1　分离科学技术及其研究内容

分离是利用混合物中各组分在物理性质或化学性质上的差异,通过适当的装置或方法,使各组分分配至不同的空间区域或在不同的时间依次分配至同一空间区域的过程。实际上,分离是一个相对的概念,人们不可能将一种物质从混合物中完全分离出来。

分离的形式主要有两种:一种是组分离;另一种是单一物质的分离。组分离有时也称为族分离,它是将性质相近的一类组分从复杂的混合物体系中分离出来。例如,石油炼制过程中将轻油和重油等一类物质进行分离,从中药及天然药物中提取有效组份等都属于族分离。单一物质的分离是将某种物质以纯物质的形式从混合物中分离出来,比如从红辣椒中提纯红色素以及药物对应异构体的分离等都属于这一类。

分离科学是研究分离、富集和纯化物质的一门学科。从本质上讲,它是研究被分离组分在空间移动和再分布的宏观和微观变化规律的一门学科。近年来,由于精细化工、生物技术和材料科学等新兴学科的发展,加之计算机和现代分离手段的广泛应用,促使分离科学的基础理论日臻完善,技术水平不断提高,使其逐渐发展成为一门相对独立的学科。

分离科学研究的主要内容是分离过程的共同规律,主要包括用热力学原理讨论分离体系的功、能量和热的转换关系,以及物质输运的方向和限度;用动力学原理研究各种分离过程的速率和效率;用化学平衡原理研究分离体系的化学平衡、相平衡和分配平衡。另外,分离科学还研究基于不同分离原理的分离方法、分离设备及其应用。

## 1.2　分离科学的重要性

分离是认识物质世界的必经之路,通过分离可以获得纯物质的结构以及了解物质的物理化学性质;分离还是各种分析技术的前提,通过分离可以去除干扰物质、提高检测限;分离也是其他学科如天然产物的提取与分离、药物化学、有机化学、食品科学等发展的基础;分离是获取有用物质的手段,通过分离可以得到超纯水、食品添加剂、多晶硅等物质。

## 1.3　分离过程的本质

分离过程的本质是物理过程,即不改变物质的物理性质而使物料变得纯净的过程。或者说是通过分离、纯化或富集等技术从混合物中获得相对纯的物质的过程。

## 1.4　分离方法的分类

### 1.4.1　按被分离物质的性质分类

对物质进行分离常依据组分之间在物理、化学、物理化学、生物学等性质方面的差异进行,因此有物理分离法、化学分离法、物理化学分离法和生物分离法。

物理分离法:以被分离组分在物理性质上的差异,采用适当的物理手段进行分离，如蒸发、过滤、分液、离心、蒸馏、精馏等。

化学分离法：根据被分离组分化学性质上的差异，通过适当的化学过程使其分离，如沉淀分离、溶剂萃取、色谱分离、选择性溶解等。

物理化学分离法：根据被分离组分的物理化学性质差异进行分离，如电泳、膜分离等。

生物分离法：根据被分离组分的生物学性质如生物学亲和力、生物学吸附平衡及生物学反应速率常数等的差异进行分离、纯化生物产品。

### 1.4.2　按分离过程的本质分类

平衡分离过程：利用被分离组分在互不相溶的两相中达到平衡时，以各组分在处于相平衡的两相中不等同的分配为依据而实现分离的过程。如萃取、结晶、蒸馏、离子交换等过程。

速度差分离过程：利用各组分扩散速度的差异不同对组分进行分离的过程。如电泳、渗析、泡沫分离等过程。

反应分离过程：利用外加能量或化学试剂，使被分离组分发生化学反应或使化学反应被促进，以达到分离目的的过程。

## 1.5　分离方法的评价

分离效果的优劣通常用回收率、分离因子、富集倍数等来衡量。

### 1.5.1　回收率

回收率 $R$ 表示待测组分在分离过程中被回收程度的大小，表示为分离后测得的回收量占样品总量的百分比。数学表达式如下：

$$R = \frac{Q}{Q_0} \times 100\% \qquad (1\text{-}1)$$

式中，$Q$ 为待测组分被分离后测得的回收量；$Q_0$ 为待测组分在样品中的总量。

$R$是分离过程中最重要的评价指标,反映了被分离组分在分离过程中损失量的多少,是衡量分离方法准确性的指标。对于一个分离过程,待分离组分的回收率越高越好。但在实际工作中,回收率随待测组分含量的不同有不同的要求。一般来说,对于常量组分,要求$R \geqslant 99.9\%$;对于微量组分,要求$R \geqslant 99\%$;对于痕量组分,要求$R \geqslant 95\%$;而对于超低含量的组分,$R \geqslant 90\%$或更低就可以了。

### 1.5.2　分离因子

分离因子$S_{B/A}$表示干扰组分B与被测组分A的分离程度,定义为两组分回收率的比值,即:

$$S_{B/A} = R_B / R_A = \frac{Q_B / Q_{B0}}{Q_A / Q_{A0}} \tag{1-2}$$

从式(1-2)可以看出,分离因子$S_{B/A}$越小,分离越完全。对于常量组分,一般要求$S_{B/A} \geqslant 10^{-3}$,痕量组分要求$S_{B/A} \geqslant 10^{-6}$。

### 1.5.3　富集倍数

富集是对摩尔分数小于0.1组分的分离,是使待分离的组分在样品中摩尔分数提高的过程。富集倍数表示待分离组分被富集的倍数,表示为待分离组分的回收率与基体组分回收率的比值,即:

$$富集倍数 = \frac{待分离组分的回收率}{基体组分的回收率}$$

富集通常是针对于微量和痕量组分进行的,高效、高选择性的分离技术可达到数万倍甚至数十万倍的富集倍数。具体的富集倍数根据分析检测技术的要求来确定。

除此之外,分离的效果还需考虑分离成本、环境污染等因素。

## 1.6　分离技术的展望

分离技术目前已经发展成为一门独立的学科。其发展具有以下几个特点：

① 色谱技术将成为最有效且应用最广泛的分离技术。色谱法是现代分离分析的一种重要方法。色谱分离模式不断增多和优化，使得色谱技术几乎可以分离所有无机的和有机的、天然的和合成的化合物；色谱分离技术与多种高灵敏度、高选择性的检测器联用，大大地提高了分析效率；色谱技术与其他分析技术如质谱、红外光谱等联用，使色谱法成为生产和科研中解决各种复杂混合物分离分析问题的重要工具之一。

② 不同的分离技术相互渗透形成了新的分离方法。结合不同分离方法的优点发展起来的交叉分离技术在分离领域已发挥了很大的作用。

③ 应用上的蓬勃发展促进了分离技术的发展。如天然产物有效成分的提取分离、复杂基体痕量组分的分析等方面的应用研究，推动了分离技术的快速发展。

④ 分离富集仪器设备快速发展。过去分离富集大多是以手工操作为主，而今一些分离富集的自动化仪器如超声萃取仪、加压萃取仪、微波萃取仪、超临界流体萃取仪等已经投入使用。

⑤ 分离富集技术向自动化、在线化发展。近年来样品在线自动处理的趋势趋于明显，分析富集操作的在线化、自动化提高了分析效率，节省了人力和物力，还提高了分析结果的重现性。

# 第 2 章　气态分离法

常用的气态分离法包括挥发、升华和蒸馏。

## 2.1　挥　　发

挥发是固体或液体全部或部分转化为气体的过程。该法可以通过测定放出的气体或剩余残渣的量进行痕量组分的分离或测定，也可以消除基体干扰。值得注意的是，挥发不包括蒸发和升华，蒸发和升华是固体和液体直接气化的过程，无化学反应和新物质生成。

产生气体的方法很多，包括直接加热法、置换法、氧化还原法、卤化法等。

(1) 直接加热法

如 $NH_4NO_2$ 在加热的情况下，分解为 $N_2$ 和 $H_2O$。

(2) 置换法

置换法包括强酸置换弱酸和强碱置换弱碱。如盐酸与 $CaCO_3$ 反应放出 $CO_2$ 气体；$(NH_4)_2SO_4$ 与 NaOH 反应放出 $NH_3$。

(3) 氧化还原法

元素 Ge、Sn、P、As、Sb、Bi、S、Se、Te 等用还原剂还原，可以产生氢化物挥发，如硫化物在空气中燃烧释放出 $SO_2$ 气体。用一些还原性的酸如盐酸或氢溴酸溶解钢和某些合金试样，试样中的硫、磷和硅等成为氢化物挥发，可消除其干扰。

(4) 卤化

有几种元素如 Ge(Ⅳ)、Sn(Ⅳ)、Cr(Ⅵ)、As(Ⅲ)、Sb(Ⅲ)的卤化物易挥

发，其沸点分别为 86 ℃、114 ℃、117 ℃、130 ℃和 220 ℃。在合金钢熔样中，可借助这些卤化物的挥发性排除干扰。

## 2.2　升　　华

升华是指物质从固态不经过液态直接转换为气态的相变过程。在升华过程中，外界要对固态物质中的分子做功，使其一方面克服与周围分子间的结合力，一方面克服固态物质的环境压强。升华过程需要吸热，单位质量的物质升华时所吸收的热量叫做升华热，在三相点时它等于熔解热与汽化热之和。常见的升华如固态的碘直接变成碘蒸气；衣箱中的樟脑丸变小；冬天，冰冻的衣服变干等。升华包括常温升华、真空升华和低温升华等。

常温升华是在正常温度下固体的升华过程。

升华与固体蒸气压和外压的相对大小有关，降低外压可以降低升华温度，在常压下不能升华或升华很慢的物质可以采用真空升华。真空升华还可防止被升华的物质因温度过高而分解或在升华时被氧化。金属镁、砷、三氯化钛、苯甲酸、糖精等都可用此法提纯。

1976 年，J. W. Mitchell 提出了低温升华技术，即将温度和压力维持在升华物质的三相点以下，使它在很低的压力（几毫米汞柱）下升华，经冷凝后捕集在冷阱中与杂质分离。该方法操作简单，获得产品的纯度很高。如用该法提纯对于很难用一般方法提纯成高纯试剂的过氧化氢，一次即可将钴、铬、铜、铁、锰、镍等杂质从 1 000 $ng \cdot mL^{-1}$ 降至 0.4～2.0 $ng \cdot mL^{-1}$。

## 2.3　蒸　　馏

蒸馏是利用混合液体或液-固体系中各组分沸点的不同，使低沸点组分蒸发，再冷凝以实现组分的分离，是一种属于传质分离的单元操作过程。蒸馏是分离混合物的一种重要的操作技术，尤其是对于液体混合物的分离具有重要的实用意义。蒸馏过程不需要使用系统组分以外的其他溶剂，从而保证不会引入新的杂质，可以直接获得所需要的产品。

蒸馏过程可以按不同的方法分类。按照方式的不同，蒸馏可分为简单蒸馏、平衡蒸馏、精馏和特殊精馏；按照操作压强的不同，可分为常压蒸馏、加压蒸馏和减压蒸馏；按照要分离的混合物中组分的不同，可分为双组分蒸馏和多组分蒸馏；按照操作方式的不同，可分为间歇蒸馏和连续蒸馏。

简单蒸馏又称为微分蒸馏，是将原料液一次加入蒸馏釜中，在一定压强下加热至沸点，使液体不断汽化。将汽化的蒸汽引出，冷凝后加以收集，得到馏出液。简单蒸馏是一种间歇操作的单级蒸馏方法。在蒸馏过程中，釜液所含易挥发组分的浓度不断下降，馏出液浓度也随之降低。因此，馏出液可分段收集，釜内余下的残液最后一次排出。简单蒸馏时，气液两相的接触比较充分，可以认为两相的组分达到了平衡。但受平衡比的限制，简单蒸馏的分离程度不高，通常用于混合液的初步分离，也可用于石油产品某些物理指标的评定。

平衡蒸馏又称为闪蒸，是把原料液连续引入加热器中，加热至一定温度经节流阀骤然减压到规定压力，部分料液迅速汽化，汽液两相在分离器中分开，得到易挥发组分浓度较高的顶部产品与易挥发组分浓度很低的底部产品。平衡蒸馏为稳定连续过程，生产能力大，不能得到高纯产物，常用于只需粗略分离的物料，主要应用于高温下易分解物料的分离，在石油炼制和石油化工中较常见。

精馏是一种利用回流使液体混合物得到高纯度分离的蒸馏方法，是多次简单蒸馏的组合。精馏塔底部是加热区，温度最高；塔顶温度最低。塔顶收集的是纯低沸点组分，纯高沸点组分则留在塔底。精馏是工业上应用最广的液体混合物分离操作，广泛用于石油、化工、轻工、食品、冶金等部门。

特殊精馏包括萃取精馏、恒沸精馏和加盐精馏。萃取精馏是向精馏塔顶连续加入高沸点的添加剂如水和某些极性有机化合物等，改变料液中被分离组分间的相对挥发度，使普通精馏难以分离的液体混合物易于分离的一种特殊精馏方法。恒沸精馏又称为共沸精馏，是向精馏塔内加入能与料液中被分离组分形成低沸点恒沸物的添加剂，增大待测组分间的相对挥发度而使分离易于进行的一种特殊精馏方法。加盐精馏是向精馏塔顶连续加入可溶性盐如醋酸钾等，利用盐效应以改变组分间的相对挥发度，使普通精馏难以分离的液体混合物变得易于分离的一种特殊精馏方法。加盐精馏的原理和萃取精馏相似，只是添加剂使用不挥发的可溶性盐。

## 2.4　分子蒸馏技术

分子蒸馏产生于20世纪20年代，是伴随着人们对真空状态下气体的运动理论进行深入研究而逐渐发展起来的，是一种特殊的液-液分离技术。1922年Bronsted Hevesy设计了世界上第一套真正的实验用分子蒸馏装置，利用该装置进行汞同位素分离的研究，到20世纪60年代分子蒸馏技术开始工业化应用。目前，分子蒸馏技术已经成为分离技术中的一个重要分支。

分子蒸馏技术不同于传统蒸馏依靠沸点差分离物质的原理，而是靠不同物质分子运动平均自由程的差别实现分离。

当液体混合物沿加热板流动并被加热，轻、重分子会逸出液面而进入气相，轻分子的平均自由程大，重分子的平均自由程小，轻重分子从液面逸出后移动距离不同，若能恰当地设置一块冷凝板，则轻分子达到冷凝板被冷凝排出，而重分子达不到冷凝板沿混合液排出，这样即可达到物质分离的目的。

与传统的蒸馏技术相比较，分子蒸馏技术具有以下优点：

① 物料分离建立在物质挥发度不同的基础上，分离操作在低于物质沸点下进行，对于采用溶剂萃取后液体的脱溶非常有效。

② 普通蒸馏是蒸发与冷凝的可逆过程，液相和气相间可以形成动态平衡。而分子蒸馏过程中，从蒸发表面逸出的分子直接飞射到冷凝面上，中间不与其他分子发生碰撞，理论上没有返回蒸发面的可能性，因此分子蒸馏是不可逆的。

③ 普通蒸馏虽然也可以进行减压蒸馏，但真空度不高，料液中溶解的气体会导致料液有鼓泡、沸腾等现象。而分子蒸馏是在压力很低的情况下进行的液膜表面上的自由蒸发，是非沸腾下的蒸发过程。

④ 分子蒸馏的操作真空度高。分子蒸馏是在高真空度(0.1～100 Pa)下的短程蒸馏,蒸发面与冷凝面的距离小于轻分子的平均自由程,蒸发的轻分子不与其他分子碰撞,几乎无压降就能达到冷凝面,更有利于进行料液的分离。

⑤ 分子蒸馏的操作温度低。常规蒸馏在沸点温度进行,而分子蒸馏在极高真空度下操作,不需要沸腾,在远低于沸点的温度下进行,可以对常规不能分离的热稳定性较差的物质进行蒸馏分离。

⑥ 物料受热时间短。在蒸发过程中,混合物料呈薄膜状,并被定向推动,液面与加热面的面积几乎相等,使得液体在分离器中停留时间很短(一般为几秒至几十秒),避免了因受热时间长造成混合物内某些组分分解或聚合的可能,更适宜对一些高沸点、热敏性及易氧化的物料进行有效的分离。

⑦ 分子蒸馏的分离程度高。分子蒸馏的分离能力与被分离混合物的蒸气压和相对分子质量都有关。两组分的蒸气压和分子量差别越大,相对挥发度越大,越容易实现分离。

⑧ 分子蒸馏利用各分子平均自由程的不同进行分离,是物理过程,分离操作不使用有毒的有机溶剂,可得到纯净、安全的产物。

由于分子蒸馏技术具有许多常规蒸馏无法比拟的优点,因此已广泛应用于食品、医药、油脂加工、精细化工、石油化工等领域。

# 第3章 沉淀分离法

沉淀分离法是依据溶度积原理,利用沉淀反应有选择地沉淀某些离子,使待分离的组分与其他组分分离的方法。它是在溶液中加入适当的沉淀剂,并控制反应条件,使待测组分沉淀出来,或将干扰组分沉淀出去,达到分离的目的。沉淀分离法是经典的分离方法,操作简便,应用广泛,目前为止仍是一种常用的分离方法。

沉淀分离法包括常规的沉淀分离法、共沉淀法和均相沉淀法。常规沉淀法和均相沉淀法适用于常量和微量组分的分离,共沉淀法适用于痕量组分的分离和富集。

## 3.1 沉淀分离法

根据使用沉淀剂的不同,沉淀分离法可以分为无机沉淀剂分离法和有机沉淀剂分离法。

无机沉淀剂是沉淀分离法中最早使用的沉淀剂,主要用于金属离子的分离,无机沉淀剂的种类很多。一些金属离子的氢氧化物、硫化物、硫酸盐、碳酸盐和卤化物等都有较小的溶解度,可进行沉淀分离。但最常用的是生成氢氧化物和硫化物的沉淀分离法。

### 3.1.1 金属氢氧化物的沉淀分离

在元素周期表中,除少数碱金属外,大多数金属的氢氧化物都是难溶化合物。各种氢氧化物沉淀的溶度积差别很大，因此可通过控制溶液的酸度，改变溶液中 $OH^-$ 的浓度，选择性地使溶液中的某些离子沉淀，从而达到分离的目的。

#### 3.1.1.1　单一金属离子开始沉淀及沉淀完全的 pH

假设待分离的金属离子 $M^{m+}$ 在溶液中的初始浓度为 0.01 mol·L$^{-1}$，沉淀完全后溶液中 $M^{m+}$ 残留量低于 $10^{-6}$ mol·L$^{-1}$，即可认为 $M^{m+}$ 已沉淀完全。据此可计算开始沉淀以及沉淀完全时的 pH。

例如：已知 $Al(OH)_3$ 的 $K_{sp}=1.3\times10^{-33}$，溶液中$[Al^{3+}]$为 0.01 mol·L$^{-1}$，计算 $Al(OH)_3$ 开始沉淀以及沉淀完全时的 pH。

先计算开始沉淀时溶液的 pH：

$$Al^{3+}+3OH^- \rightleftharpoons Al(OH)_3\downarrow$$

因为

$$[Al^{3+}][OH^-]^3=K_{sp}$$

所以

$$[OH^-]=\sqrt[3]{\frac{K_{sp}}{[Al^{3+}]}}=\sqrt[3]{\frac{1.3\times10^{-33}}{0.01}}=5.1\times10^{-11}(mol\cdot L^{-1})$$

即

$$pH=3.7$$

再计算当 $Al(OH)_3$ 沉淀完全时溶液的 pH（假设此时溶液中残留$[Al^{3+}]=10^{-6}$ mol·L$^{-1}$）：

$$[OH^-]=\sqrt[3]{\frac{K_{sp}}{[Al^{3+}]}}=\sqrt[3]{\frac{1.3\times10^{-33}}{10^{-6}}}=1.1\times10^{-9}(mol\cdot L^{-1})$$

即

$$pH=5.0$$

通过上述计算可知：$Al(OH)_3$ 开始沉淀时要求溶液 pH≥3.7；沉淀完全时 pH≥5.0。因此，要想使 $Al^{3+}$ 沉淀为 $Al(OH)_3$ 且沉淀完全，需要控制溶液的 pH 在3.7～5.0之间。

需要说明的是，这种由 $K_{sp}$ 计算出的 pH 只是近似数值。金属离子开始沉淀、沉淀完全以及溶解时的 pH 可以查阅相关文献获得。实际上，为了使金属离子沉淀完全，所需的 pH 往往比计算出的数值略高些。

### 3.1.1.2 混合离子沉淀分离完全的条件

假设溶液中有两种金属离子 $M^{m+}$ 和 $N^{n+}$，浓度分别为 $C_M$ 和 $C_N$，其氢氧化物沉淀的溶度积常数分别为 $K_{sp(M)}$ 和 $K_{sp(N)}$。要求 $M^{m+}$ 生成氢氧化物并沉淀完全，而此时 $N^{n+}$ 不沉淀，这样即可达到分离的目的。

$M^{m+}$ 生成氢氧化物沉淀，此时有：

$$[M^{m+}][OH^-]^m \geqslant K_{sp(M)}$$

即

$$[OH^-] \geqslant \sqrt[m]{\frac{K_{sp(M)}}{[M^{m+}]}} \tag{3-1}$$

要使 $M^{m+}$ 以氢氧化物形式定量析出，且要求溶解损失小于万分之一，即残留在溶液中的 $[M^{m+}] \leqslant 10^{-4} C_M$，代入式(3-1)，得：

$$[OH^-] \geqslant \sqrt[m]{\frac{K_{sp(M)}}{10^{-4} C_M}} \tag{3-2}$$

用式(3-2)即可计算出 $M^{m+}$ 定量沉淀时溶液的 pH。

$N^{n+}$ 不形成氢氧化物沉淀的条件是：

$$[N^{n+}][OH^-]^n \leqslant K_{sp(N)} \tag{3-3}$$

因为

$$[N^{n+}] = C_N$$

所以

$$[OH^-] \leqslant \sqrt[n]{\frac{K_{sp(N)}}{C_N}} \tag{3-4}$$

式(3-4)即为 $M^{m+}$ 和 $N^{n+}$ 氢氧化物沉淀分离的条件，此公式是近似式。因为在实际溶液中，两种离子不一定都以简单离子的形式存在，溶液的温度、共存离子等也会影响到分离的效果。

### 3.1.1.3 几种主要的氢氧化物沉淀剂

常用的氢氧化物沉淀剂有氢氧化钠、氨水、悬浊液和有机碱等。

氢氧化钠：用 NaOH 溶液作为沉淀剂，可使两性金属离子与非两性金属离子分离。NaOH 沉淀分离金属离子的情况见表 3-1。分离过程是在不断搅拌下把浓的 NaOH 溶液加入到待分离组分的混合溶液中，沉淀完全后，通过过滤使沉淀与溶液分离。

**表 3-1　NaOH 沉淀分离金属离子**

| 定量沉淀的离子 | 部分沉淀的离子 | 残留溶液中的离子 |
| --- | --- | --- |
| $Mg^{2+}$、$Co^{2+}$、$Ni^{2+}$、$Cu^{2+}$、$Ag^{+}$、$Cd^{2+}$、$Au^{+}$、$Hg^{2+}$、$Ti^{4+}$、$Zr^{4+}$、$Bi^{3+}$、$Th^{4+}$、$Hf^{4+}$、稀土离子等 | $Ca^{2+}$、$Sr^{2+}$、$Ba^{2+}$、$Nb^{5+}$、$Ta^{5+}$ | $AlO_2^-$、$CrO_2^{2-}$、$PbO_2^{2-}$、$ZnO_2^{2-}$、$SnO_3^{2-}$、$GeO_3^{2-}$、$GaO_3^{2-}$、$BeO_2^{2-}$、$SiO_3^{2-}$、$WO_4^{2-}$、$MoO_4^{2-}$、$VO_3^-$ |

表 3-1 显示 NaOH 对许多金属离子分离效果较好，但事实并非如此，方法的选择性并不高。氢氧化物多为胶体沉淀，共沉淀现象严重，影响分离的效果。可采用均相沉淀法或小体积、浓溶液加热等方法减小共沉淀，提高分离效果；必要时可在溶液中加入适当的掩蔽剂来提高分离的选择性。

氨水：在 $NH_4Cl$ 存在的情况下，用氨水控制溶液的 pH 为 8～10，可使一部分金属离子如 $Fe^{3+}$、$Al^{3+}$、$Cr^{3+}$ 等生成氢氧化物定量沉淀，一部分金属离子如 $Ag^{+}$、$Cu^{2+}$、$Cd^{2+}$、$Zn^{2+}$ 等与 $NH_3$ 形成络离子留在溶液中，碱金属和碱土金属也留在溶液中。具体见表 3-2。

**表 3-2　$NH_3$-$NH_4Cl$ 沉淀分离金属离子**

| 定量沉淀的离子 | 部分沉淀的离子 | 残留溶液中的离子 |
| --- | --- | --- |
| $Fe^{3+}$、$Al^{3+}$、$Cr^{3+}$、$Hg^{2+}$、$Be^{2+}$、$Bi^{3+}$、$Sb^{3+}$、$Sn^{4+}$、$Ga^{3+}$、$Ti^{4+}$、$Zr^{4+}$、$Mn^{4+}$、$Th^{4+}$、$Hf^{4+}$、$Nb^{5+}$、$Ta^{5+}$、$U^{6+}$、稀土离子等 | $Mn^{2+}$、$Fe^{2+}$、$Pb^{2+}$ | $Ag(NH_3)_2^+$、$Cu(NH_3)_4^{2+}$、$Cd(NH_3)_4^{2+}$、$Zn(NH_3)_4^{2+}$、$Co(NH_3)_4^{2+}$、$Ni(NH_3)_4^{2+}$、$Ba^{2+}$、$Sr^{2+}$、$Ca^{2+}$、$Mg^{2+}$ 等 |

此方法中使用 $NH_4Cl$ 电解质可使胶体沉淀凝聚，便于过滤分离。

悬浊液：一些微溶的金属氧化物、碳酸盐的悬浊液也能控制溶液的 pH，用于某些离子的分离。

当将 ZnO 悬浊液加于试样溶液中时，ZnO 溶解使溶液中[$Zn^{2+}$]达到一定值，可控制溶液的 pH 在 5.5～6.5，适用于 $Fe^{3+}$、$Al^{3+}$、$Cr^{3+}$ 的分离。除了 ZnO 之外，MgO、HgO、$CaCO_3$、$BaCO_3$、$PbCO_3$ 等也可控制溶液的 pH。

有机碱：有机碱如吡啶、六亚甲基四胺、苯胺、苯肼等与其共轭酸组成缓冲溶液体系可控制一定的 pH，用于 $Fe^{3+}$、$Al^{3+}$、$Cr^{3+}$ 等三价金属离子与

$Mn^{2+}$、$Cu^{2+}$、$Cd^{2+}$、$Zn^{2+}$、$Co^{2+}$、$Ni^{2+}$等二价金属离子的分离。相对于无机碱NaOH、氨水的pH范围较宽的不足,有机碱可使沉淀的pH保持在一个较窄的范围内,开始出现沉淀的pH也相应低一些。除此之外,有机碱往往还具有表面活性剂和络合剂的作用,可明显改善分离效果。

#### 3.1.1.4　氢氧化物沉淀分离的特点

金属氢氧化物沉淀的溶度积常数相差很大,可通过控制酸度实现某些金属离子的分离。

很多金属离子的氢氧化物为胶体沉淀,共沉淀现象严重,影响分离的效果。这时可采用小体积沉淀法、均相沉淀法等减小共沉淀,加入掩蔽剂提高沉淀分离的选择性。

### 3.1.2　金属硫化物的沉淀分离

能形成难溶硫化物沉淀的金属离子有40多种,除碱金属和碱土金属外,重金属离子可在不同酸度条件下形成硫化物沉淀。因此利用各种硫化物溶解度的差异,可实现对不同金属离子的分离。

#### 3.1.2.1　溶液的酸度

硫化物沉淀分离法使用$H_2S$为沉淀剂。$H_2S$是二元弱酸,溶液中的$[S^{2-}]$与溶液的酸度有关。因此,控制溶液的pH,即可控制$[S^{2-}]$,使不同溶解度的硫化物得以分离。

$$H_2S \rightleftharpoons H^+ + HS^- \qquad K_{a_1} = 5.7 \times 10^{-8}$$

$$HS^- \rightleftharpoons H^+ + S^{2-} \qquad K_{a_2} = 1.2 \times 10^{-15}$$

总的解离平衡为:

$$H_2S \rightleftharpoons 2H^+ + S^{2-}$$

因为

$$K_{a_1}K_{a_2} = 5.7 \times 10^{-8} \times 1.2 \times 10^{-15} = 6.8 \times 10^{-23}$$

$$[H^+] = \sqrt{\frac{K_{a_1}K_{a_2}[H_2S]}{[S^{2-}]}} = \sqrt{\frac{6.8 \times 10^{-23}[H_2S]}{[S^{2-}]}}$$

硫化氢饱和溶液中$[H_2S]$为$0.1\ mol \cdot L^{-1}$,因此,控制溶液的pH即可控制溶液的中$[S^{2-}]$,使一部分金属离子沉淀完全,而另一部分金属离子仍然留在溶液中，从而达到分离的目的。

#### 3.1.2.2　硫化物沉淀分离的特点

各种金属离子硫化物的溶度积常数相差较大，可通过控制溶液的酸度即控制 pH 来控制溶液中的[$S^{2-}$]，从而使金属离子相互分离。但是硫化物沉淀分离的选择性并不高，因为硫化物沉淀大多是胶体沉淀，共沉淀现象较为严重，甚至还有后沉淀现象发生，影响分离效果。

由于 $H_2S$ 气体毒性较大，制备起来也不方便，一般多用硫代乙酰胺（简写为 TAA）的水溶液替代 $H_2S$ 作为沉淀剂进行均相沉淀，可有效改善分离效果。

硫代乙酰胺在酸性溶液中水解可替代 $H_2S$，在氨性溶液中水解可替代 $(NH_4)_2S$，在碱性溶液中水解可替代 $Na_2S$。

### 3.1.3　均相沉淀法

#### 3.1.3.1　定义

均相沉淀法又称为均匀沉淀法，是利用某种适当的化学反应使溶液中的构晶离子从溶液中缓慢均匀地释放出来，控制溶液中沉淀剂的浓度，避免局部过浓现象，保证溶液中的沉淀处于一种平衡状态，从而逐步、均匀地析出。通常的沉淀操作是把一种合适的沉淀剂直接加到待沉淀物质的溶液中，使之生成沉淀。这种沉淀方法，在混合的瞬间，总不能避免有局部过浓的现象出现，因此整个溶液不是均匀的。这种在不均匀溶液中进行沉淀所发生的局部过浓现象通常会给分析带来不良影响。例如，它会引起溶液中其他物质的共沉淀，使沉淀不纯净；会使晶形沉淀成为细小颗粒，给过滤和洗涤带来不便；会使无定形沉淀变得很蓬松，不仅吸附杂质多，而且难以过滤和洗涤。

#### 3.1.3.2　分类

按照所遵循化学反应机理的不同，均相沉淀法可分成六类：

(1) 控制溶液 pH 的均相沉淀

利用某种试剂的水解反应，逐步改变溶液的 pH，使待沉淀物质的溶解度慢慢降低，沉淀逐渐形成。例如，尿素的水解。最早的均相沉淀法开始于

1930 年，中国学者唐宁康在 H·H·威拉德的实验室工作时，在酸性硫酸铝溶液中加入尿素，将溶液加热至近沸，尿素逐渐水解：

$$CO(NH_2)_2 + H_2O = 2NH_3 + CO_2$$

水解生成的 $NH_3$ 使溶液的 pH 逐渐升高，同时释放出的 $CO_2$ 能起到搅拌的作用。在整个溶液中缓慢地生成碱式硫酸铝沉淀，沉淀紧密，体积小，杂质少，可与很多元素较好地分离。1937 年，威拉德和唐宁康在他们的研究成果中，把这个方法命名为均相沉淀法。

尿素水解不仅可以用来制取紧密、较重的无定形沉淀，也可用于沉淀草酸钙、铬酸钡等晶形沉淀。这类方法也包括缓慢降低溶液 pH 的方法，例如借助于 β-羟乙基乙酸酯水解生成的乙酸，缓慢降低溶液 pH，可以使 $[Ag(NH_3)_2]Cl$ 分解，生成大颗粒的氯化银晶形沉淀。

（2）酯类或其他化合物水解

酯类或其他化合物水解可产生所需的沉淀离子；可进行均相沉淀，这类方法所用的试剂种类很多；可控制释放出 $PO_4^{3-}$、$SO_4^{2-}$、$S^{2-}$、$Cl^-$ 等离子以及 8-羟基喹啉、N-苯甲酰胲等有机沉淀剂。所得的沉淀绝大部分属于晶形沉淀，只要控制好反应的速率，经常能得到晶形良好的大颗粒晶形成沉淀，减小了共沉淀现象，分离效果好。

（3）络合物分解释放出待沉淀离子

将络合物破坏分解，释放出待沉淀的离子，可进行均相沉淀。1950 年中国学者顾翼东等首次采用控制金属离子释出速率的办法进行均相沉淀，将钨的氯络合物或草酸络合物缓慢分解，得到了密实沉重的钨酸沉淀。这是利用乙二胺四乙酸（EDTA）络合金属离子，再用过氧化氢氧化分解 EDTA，使其释出金属离子进行均相沉淀，这也属于络合物分解法。这种方法通常能获得较好的沉淀，但由于反应过程中要破坏络合剂，沉淀分离的选择性会受到影响。

（4）氧化还原反应产生所需的沉淀离子

利用氧化还原反应产生沉淀离子，可进行均相反应。例如，用氯酸根将碘氧化为碘酸根，使钍离子沉淀为碘酸钍。中国学者蔡淑莲在含有碘酸根的硝酸溶液中，用过硫酸铵或溴酸钠作氧化剂，把 Ce(Ⅲ)氧化为 Ce(Ⅳ)，这样所得的碘酸高铈，质地密实，便于过滤和洗涤，可使铈与其他稀土元素很好地分离。

（5）合成螯合沉淀剂法

利用在溶液中将结构简单的试剂合成为结构复杂的螯合沉淀剂的方法也可进行均相沉淀，即在能生成沉淀的介质条件下，直接合成有机试剂，使它边合成，边进行沉淀。例如，用亚硝酸钠与β-萘酚反应合成α-亚硝基-β-萘酚，可均相沉淀钴；用丁二酮与羟胺合成丁二酮肟，可均相沉淀镍和钯；用苯胺与亚硝酸钠合成N-亚硝基苯胺，可均相沉淀铜、铁、钛、锆等。

（6）酶化学反应

利用酶化学反应也可以进行均相沉淀。例如，pH为5时，Mn(Ⅱ)和8-羟基喹啉生成的螯合物不沉淀。在螯合物中加入尿素，并将其置于35 ℃恒温水浴中，由于该温度下尿素基本不水解，仍不起反应。加入少量脲酶后，由于脲酶可催化尿素的水解，溶液的pH缓慢上升，这样即可进行均相沉淀，得到性能良好的$Mn(C_9H_6ON)_2$沉淀。

均相沉淀不仅能改善沉淀的性质，有利于沉淀的分离，而且是研究沉淀和共沉淀的有效工具。但是，用均相沉淀法仍不能避免混晶共沉淀和后沉淀。

## 3.1.4　利用有机沉淀剂进行沉淀分离

前面介绍的无机沉淀剂虽然可以分离很多元素，但是选择性较差，灵敏度较低，生成的沉淀溶解度较大，吸附的杂质较多，不易过滤和洗涤。有机沉淀剂种类繁多，应用较为广泛。

### 3.1.4.1　有机沉淀剂的特点

与无机沉淀剂相比，有机沉淀剂具有以下优点：

① 选择性较高。有机沉淀剂种类多，还可根据需要引入某些基团，因此具有很高的选择性和专一性。

② 沉淀的溶解度小。由于有机沉淀的疏水性较强，所以有机沉淀剂在水溶液中的溶解度较小，有利于被测组分沉淀完全。

③ 沉淀吸附杂质少。因为沉淀表面不带电荷，所以吸附杂质离子少，易于获得较纯净的沉淀。

④ 沉淀的摩尔质量大。被测组分在称量形式中所占的百分比小，有利于

减小称量误差，提高分析结果的准确度。

⑤ 多数有机沉淀物的组成恒定，经烘干后即可称量，简化了操作步骤。

有机沉淀剂也存在一些不足，如沉淀剂在水中的溶解度小，有时会包夹在沉淀中；有些沉淀的组成不恒定；有些沉淀易漂浮在溶液表面或黏附在器皿壁上，使操作困难，也引起被测组分损失。

#### 3.1.4.2 有机沉淀剂的类型

有机沉淀剂与金属离子通常形成螯合物沉淀或离子缔合物沉淀。因此，有机沉淀剂也可分为生成螯合物的沉淀剂和生成离子缔合物的沉淀剂两种类型。

(1) 生成螯合物的沉淀剂

这类沉淀剂一般含有两种基团。一种是酸性基团，如—COOH、—OH、—$SO_3H$、—SH等，这些基团中的$H^+$可被金属离子置换；另一种是碱性基团，如—$NH_2$、═NH、═N－、═C═O、═C═S等，这些基团中的N、O、S具有未被共用的电子对，可与金属离子结合形成配位键，生成具有环状结构的螯合物。生成螯合物的沉淀剂有8-羟基喹啉、丁二酮肟、水杨醛肟、N-亚硝基-β-苯胲铵盐等。

例如，在pH为5的HAc-NaAc缓冲溶液中，8-羟基喹啉可以沉淀$Fe^{3+}$、$Al^{3+}$而与$Be^{2+}$、$Mg^{2+}$、$Ca^{2+}$、$Sr^{2+}$、$Ba^{2+}$等分离。在中性、HAc或氨性溶液中，丁二酮肟与$Ni^{2+}$生成鲜红色的螯合物沉淀，与$Fe^{3+}$、$Co^{2+}$、$Cu^{2+}$生成可溶性的络合物，实现分离。水杨醛肟在pH为2.6时沉淀$Cu^{2+}$，在pH为5.7时沉淀$Ni^{2+}$，在pH为7～8时沉淀$Zn^{2+}$，在浓氨溶液中沉淀$Pb^{2+}$，而$Ag^+$、$Zn^{2+}$、$Cd^{2+}$生成可溶性的氨络离子，从而实现分离。N-亚硝基-β-苯胲铵盐(又称为铜铁试剂)在强的稀酸溶液中与$Fe^{3+}$、$Ga^{3+}$、$Ti^{4+}$、$Zr^{4+}$、$Ce^{4+}$、Sn(Ⅳ)、U(Ⅳ)、V(Ⅴ)、Nb(Ⅴ)、Ta(Ⅴ)、W(Ⅵ)等高价离子反应生成沉淀，在弱酸性溶液中与$Cu^{2+}$、$In^{2+}$、$Bi^{3+}$、Mo(Ⅵ)生成沉淀，与其他离子分离。

(2) 生成离子缔合物的沉淀剂

阴、阳离子之间以较强的静电引力结合所形成的化合物称为离子缔合物。某些有机沉淀剂可在溶液中电离成大体积的阴离子或阳离子，与带有相反电荷的离子结合形成离子缔合物沉淀。生成离子缔合物的沉淀剂有四苯硼酸盐、苦杏仁酸及其衍生物、铜铁试剂、α-亚硝基-β-萘酚、联苯胺、吡啶、氯化四苯砷、氯化三苯锡等。

例如，四苯硼酸盐能与 $K^+$、$Ag^+$、$Cu^+$、$Cs^+$、$Rb^+$、$Tl^+$ 等生成离子缔合物沉淀。四苯硼酸钠易溶于水，是测定 $K^+$ 的良好沉淀剂。由于一般试样中 $Ag^+$、$Cu^+$、$Cs^+$、$Rb^+$、$Tl^+$ 的含量极微，故此试剂常用于 $K^+$ 的测定，且沉淀组成恒定，可烘干后直接称重。苦杏仁酸及其衍生物常用来沉淀 $Zr^{4+}$、$Hf^{4+}$，生成相应的离子缔合物沉淀。铜铁试剂与 $Cu^{2+}$、$Fe^{3+}$、$Ti^{4+}$ 等生成离子缔合物沉淀。α-亚硝基-β-萘酚与 $Co^{3+}$、$Pd^{2+}$ 等生成离子缔合物沉淀。

## 3.2　共沉淀分离法

当沉淀从溶液中析出时，溶液中的某些原本可溶的组分被沉淀载带下来而混杂于沉淀中的现象即为共沉淀现象。在沉淀分离、质量测定和材料制备中所得到的沉淀往往不是绝对纯净的，这对于分离和测定来说是不利的。但有时为了得到某些痕量的离子，可利用共沉淀进行分离富集，变不利为有利。

共沉淀分离法就是加入某种离子同沉淀剂生成沉淀作为载体（共沉淀剂），将痕量组分定量沉淀下来，然后将沉淀分离，以达到分离和富集目的的一种分离方法。例如测定水体中痕量的锰时，由于 $Mn^{2+}$ 的浓度太低无法直接测定，加入沉淀剂也无法生成沉淀。可先加入适量的 $Bi^{3+}$，再加入沉淀剂 NaOH，生成 $Bi(OH)_3$ 沉淀，此时痕量的锰会产生共沉淀，从而被载带富集下来，其中 $Bi(OH)_3$ 沉淀被称为载体或共沉淀剂。共沉淀分离法解决了痕量组分因受溶解度限制而不能用沉淀法进行分离或富集的问题。

利用共沉淀剂进行分离富集的方法很多，可分为吸附共沉淀分离法、混晶共沉淀分离法和有机共沉淀剂沉淀分离法等。

### 3.2.1　吸附共沉淀分离或富集痕量组分

表面吸附共沉淀是常量组分沉淀在其表面未达到平衡时，吸附了溶液中带有相反电荷的离子，从而将痕量组分载带下来的一种分离方法。根据常量组分沉淀性质的不同，又可分为在离子晶体表面上的吸附共沉淀和在无定形沉淀表面上的吸附共沉淀。由于无定形沉淀比表面积大，可增加吸附作用，因此在无定形沉淀表面上的吸附共沉淀比在离子晶体表面上的吸附共沉淀应用更为广泛。

表面吸附共沉淀中常采用可形成颗粒较小的无定形沉淀或凝乳状沉淀的试剂作为载体（共沉淀剂），如氢氧化物、硫化物或磷酸盐等。小颗粒载体的比表面积较大，有利于吸附待分离的微量或痕量组分。例如，可利用 $Fe(OH)_3$ 沉淀作为载体吸附富集含铀工业废水中痕量的 $UO_2^{2+}$。操作是先向试液中加入 $FeCl_3$，再加入过量的氨水使产生 $Fe(OH)_3$ 沉淀。吸附层为 $OH^-$ 带有负电荷，因而试液中的 $UO_2^{2+}$ 作为抗衡离子被 $Fe(OH)_3$ 沉淀吸附，并以 $UO_2(OH)_2$ 的形式随着 $Fe(OH)_3$ 载体沉淀一起沉淀下来。$Fe(OH)_3$ 沉淀作为载体还可以共沉淀微量的 $Be^{2+}$、$Bi^{3+}$、$Al^{3+}$、$Ga^{3+}$、$In^{3+}$、$Tl^{3+}$、$Sn^{4+}$ 和 W(Ⅵ)、V(Ⅴ)等离子。

### 3.2.2 混晶共沉淀分离或富集痕量组分

如果溶液中待分离的微量离子与常量离子的半径相近，当与同一种共沉淀剂沉淀时，所形成的晶体结构相同，二者以混晶方式析出。混晶共沉淀具有选择性高、分离效果好等优点。

混晶分为典型的混晶和不规则混晶。

典型的混晶又称为真正的混晶，要求微量离子与常量离子所带电荷相同、离子半径相近，形成混晶的晶体结构相同，如 $PbSO_4$-$SrSO_4$，$RaSO_4$-$BaSO_4$ 共沉淀。两种离子的半径越接近，微量组分沉淀的溶解度越小，越容易形成混晶共沉淀。利用混晶沉淀分离或富集痕量元素在放射化学中应用较多。

不规则混晶有两种情况，当微量离子和常量离子所带电荷不同，但离子大小相近时，可形成结构不同的固溶体，如 $LaF_3$ 能在 $CaF_2$ 中形成固溶体，这种固溶体在半导体中很常见；当微量离子和常量离子所带电荷不同，但离子大小相近时，也可形成结构相同的固溶体，如 $KMnO_4$ 在 $BaSO_4$ 中形成固溶体，$NaNO_3$ 在 $CaCO_3$ 中形成固溶体。

吸附共沉淀和混晶共沉淀通常使用无机共沉淀剂,能否成功分离富集痕量组分取决于共沉淀剂的选择及沉淀条件。共沉淀剂一般应满足以下要求:

① 共沉淀剂对待分离的痕量组分具有较高的选择性和较强的共沉淀能力。

② 共沉淀剂应易于被除去,即不干扰痕量组分的分析。

③ 形成的沉淀应易于过滤和洗涤。

无机共沉淀剂吸附性好,但选择性较差,多数情况下还需要将加入的载体元素与痕量元素进一步分离。

### 3.2.3 有机共沉淀剂分离或富集痕量组分

与无机共沉淀剂相比,有机共沉淀剂具有选择性好、富集效率高、生成的沉淀溶解度小等优点,有机共沉淀剂还可通过灼烧分解挥发或用强酸、强氧化剂破坏等方式除去。近年来,随着有机试剂的发展,有机共沉淀剂的应用也逐渐增多。目前,有机共沉淀剂在富集分离天然水体、无机材料以及高纯物质中的痕量组分方面提供了简便有效的方法。

无机共沉淀剂是利用共沉淀剂的表面吸附或生成混晶作用把微量或痕量组分载带下来。有机共沉淀剂分离富集痕量组分的作用机理则明显不同,类似于固体萃取,痕量组分的沉淀溶解在有机共沉淀剂中被载带下来或沉淀剂与痕量组分的离子形成螯合物、离子缔合物或分子胶体等沉淀下来。

利用有机共沉淀剂对痕量组分进行分离和富集,大致可以分成三种类型:

(1) 生成螯合物

许多痕量组分能与螯合剂形成螯合物,进入载体形成固溶体而被载带下来。生成的螯合物可以是水溶性的,也可以是不溶于水的。例如用8-羟基喹啉共沉淀海水中痕量的铜、钼、钒离子时,可生成相应的金属离子8-羟基喹啉螯合物,由于含量极少,实际上并不能形成沉淀,当加入酚酞的乙醇溶液时,这些离子的螯合物被酚酞的析出物诱导,一起沉淀下来,形成固溶体。酚酞不与上述金属离子及其螯合物发生任何化学反应,只起载体的作用,被称为“惰性共沉淀剂”。属于这类沉淀剂的还有α-萘酚、β-羟基苯甲酸、间硝基苯甲酸、丁二酮肟二烷酯等。由于惰性共沉淀剂不与其他离子反应，因此选择性较高。

(2) 生成离子缔合物

阳离子和阴离子通过静电吸引力结合形成的电中性化合物，称为离子缔合物。在共沉淀分离富集痕量组分时，有机沉淀剂和某种配体形成的沉淀作为载体，被富集的痕量离子与载体中的配体络合而与带有相反电荷的有机沉淀剂缔合成难溶性的离子缔合物，载体与离子缔合物具有相似的结构，两者生成共溶体一起沉淀下来。例如钚的共沉淀分离，$Pu^{4+}$ 和 $NO_3^-$ 形成 $Pu(NO_3)_6^{2-}$ 络离子，加入丁基罗丹明 B($BRB^+$)后，丁基罗丹明 B 与 $Pu(NO_3)_6^{2-}$ 生成难溶性的离子缔合物，$NO_3^-$ 和丁基罗丹明 B 形成的沉淀作为载体，两者形成共溶体一起沉淀下来。共沉淀反应为：

$$BRB^+ + NO_3^- = BRB^+NO_3^- \downarrow \text{(载体)}$$

$$Pu^{4+} + 6NO_3^- = Pu(NO_3)_6^{2-}$$

$$2BPB^+ + Pu(NO_3)_6^{2-} = (BPB)_2Pu(NO_3)_6 \text{(离子缔合物)}$$

(3) 生成分子胶体

加入有机共沉淀剂使难凝聚的胶体溶液凝聚析出的方法称为胶体凝聚法。例如分离富集试液中痕量的 $H_2WO_4$。$H_2WO_4$ 在酸性溶液中以带负电荷的胶体粒子存在，不易凝聚，可往溶液中加入有机共沉淀剂辛可宁。辛可宁是一种生物碱，在酸性溶液中形成带正电荷的辛可宁胶体粒子，能与带负电荷的钨酸胶体粒子共同凝聚析出。属于这类沉淀剂的还有丹宁、动物胶等，可与铌、钽、铍、锗、硅、钼、铀等的含氧酸形成共沉淀。

有机共沉淀剂的载体分子量大，分离富集效率较高，对 $10^{-12}$ 量级痕量组分也可获得满意的结果。

# 第4章　萃取分离法

萃取是利用物质在两种互不相溶的溶剂中溶解度或分配系数的不同，使物质从一种溶剂转移到另外一种溶剂的过程。经过反复多次萃取，可达到分离提纯的目的。萃取又称为溶剂萃取或液-液萃取，在石油炼制工业中亦称抽提。

溶剂萃取的研究始于19世纪。1842年，E·M·佩利诺萃取了硝酸铀酰。1903年L·埃迪兰努用液态二氧化硫从煤油中萃取芳烃，这是萃取的第一次工业应用。20世纪40年代后期，由于战争的需要核燃料工业迅速发展，用萃取法成功分离铀、钚及放射性同位素，促进了萃取技术的研究和应用。如今萃取已广泛应用于无机化学、分析化学、放射化学、湿法冶金、原子能化工、石油化工及环境保护等领域。

萃取分离法分离效果好，经过多次萃取，可以达到很高的回收率。萃取操作简便快速，易于自动化，适用范围广。萃取分离法不仅适用于常量组分的分离，也适用于微量组分的分离及富集；不仅适用于实验室少量试样的分离，也适用于工业上大规模连续化的生产。而且萃取通常在常温或较低温度下进行，能耗低，特别适用于热敏性物质的分离。但是，萃取分离法使用的溶剂大多是易燃、易挥发的有机物质，有的还具有一定的毒性，大多数萃取剂价格昂贵，回收成本高，这些缺点使得萃取分离法在应用上受到一定的限制。

## 4.1　溶剂萃取

溶剂萃取法是利用物质对水的亲疏性不同而进行分离的一种方法。一般将物质易溶于水而难溶于非极性有机溶剂的性质称为亲水性，将物质难溶于水而易溶于非极性有机溶剂的性质称为疏水性或亲油性。在萃取分离过程中，把试液同与水不相混溶的有机溶剂一起振荡，试液中对水亲疏性不同的物质就会在水相和有机相之间进行分配。亲水性物质留在水相，疏水性物质进入有机相。把水相和有机相分离，亲水性物质和疏水性物质也就随之分开，从而达到分离富集的目的。

## 4.1.1 萃取平衡

### 4.1.1.1 萃取过程的实质

萃取是把物质由水相转移至有机相的过程，而把物质从有机相转移至水相的过程称为反萃取。

物质对水的亲疏性有一定的规律。大多数离子都具有亲水性，带电荷的离子很容易与水分子结合成水合离子分散在水中。物质含亲水基团越多，亲水性越强；物质含疏水基团越多，相对分子质量越大，疏水性越强。常见的亲水基团如羧基、磺酸基、氨基、羟基和醚基等；常见的疏水基团如烷基、芳香基和卤代烷基等。

按照"相似相溶"原理，极性化合物易溶于水，具有亲水性；而非极性化合物易溶于非极性有机溶剂，具有疏水性。

物质对水的亲疏性是可以改变的，为了将待分离组分从水相萃取到有机相，萃取过程通常也是将物质由亲水性转化为疏水性的过程。所以说，萃取过程的实质是完成由水相到有机相的变化，即亲水性的物质变成疏水性的物质。例如，$Al^{3+}$在水溶液中以水合离子 $Al(H_2O)_6^{3+}$ 形式存在，如果加入8-羟基喹啉溶液，则生成疏水性的8-羟基喹啉铝螯合物，易溶于氯仿而被萃取。

### 4.1.1.2 分配系数和分配比

(1) 分配系数

在总结了有关液-液两相平衡的大量实验数据的基础上，Nernst 于1891年提出了溶剂萃取分配定律。即在一定温度下，当某一溶质在互不相溶的两相溶剂(水相/有机相)中达到分配平衡时，该溶质在两相中的浓度比为一个常数，该常数为平衡常数，又称为分配系数，用 $K_D$ 表示。

假设水溶液中有物质 A，加入有机溶剂，一段时间后 A 在水相和有机相中的分配达到动态平衡，服从分配定律，平衡如下：

$$A_{水} \rightleftharpoons A_{有}$$

如果 A 在两相中存在的型体相同，则平衡时 A 在有机相和水相中的平衡浓度的比值为常数，即分配系数 $K_D$ 为：

$$K_D = \frac{[A]_{有}}{[A]_{水}} \tag{4-1}$$

式中，$[A]_{有}$ 和 $[A]_{水}$ 分别为平衡时 A 在有机相和水相中的平衡浓度。

实验发现，只有在一定温度下，溶液中溶质 A 的浓度极低，且存在型体不变时，$K_D$ 才是一个常数。但在实际萃取过程中，A 在两相中并不仅仅以一种型体存在，可能会发生解离、聚合等化学反应以多种型体存在。此时，分配系数 $K_D$ 就无法反映溶质在两相中分配的真实情况。

(2) 分配比

萃取体系是一个复杂的体系，它可能伴随着溶质在两相中的解离、缔合或络合等多种化学作用，此时分配定律就不能表示溶质 A 在两相中的分配。通常将 A 在有机相和水相中的各种存在形式的总浓度的比值定义为分配比，用 $D$ 表示：

$$D = \frac{C_{有}}{C_{水}} \tag{4-2}$$

式中，$C_{有}$ 和 $C_{水}$ 分别为 A 在有机相和水相中的总浓度。

分配比能够更加真实地反映萃取过程中溶质在两相中分配的实际情况。分配比越大，表示被萃取物质在有机相中的浓度越大，即萃取越完全。在萃取分离中，一般要求分配比大于 10。

在简单体系中，溶质在水相和有机相中的存在型体相同时，分配比和分配系数相等。分配比是一个条件常数，随着萃取条件的变化而变化，只有在条件一定时才为定值。因此可以通过改变萃取条件来改变分配比，以达到最佳的分离效果。

分配系数 $K_D$ 与萃取体系和温度有关，而分配比 $D$ 除与萃取体系和温度有关外，还与体系的酸度、溶质的浓度等因素有关。

#### 4.1.1.3　萃取率

在萃取过程中，通常用萃取率 $E$ 来表示萃取的完全程度，它是衡量萃取

效果的一个重要指标。萃取率也是萃取分离的回收率，定义为被萃取物在有机相中的总量占其在两相中的总量的百分比，即

$$E=\frac{\text{被萃取物在有机相中的总量}}{\text{被萃取物在两相中的总量}}\times 100\% \\ =\frac{C_{有}V_{有}}{C_{有}V_{有}+C_{水}V_{水}}\times 100\% \tag{4-3}$$

式中，$C_{有}$和$C_{水}$分别为被萃取物在有机相和水相中的总浓度；$V_{有}$和$V_{水}$分别表示有机相和水相的体积。

将上式进行处理，即得到萃取率$E$和分配比$D$之间的关系：

$$E=\frac{C_{有}/C_{水}}{C_{有}/C_{水}+V_{水}/V_{有}}\times 100\%=\frac{D}{D+V_{水}/V_{有}}\times 100\% \tag{4-4}$$

从式(4-4)可以看出，萃取率的大小由分配比及两相体积比$V_{水}/V_{有}$决定。当分配比固定时，两相体积比$V_{水}/V_{有}$越小，萃取率越高。当两相体积比固定时，分配比越大，萃取率越高。当有机相和水相体积相等时，即$V_{有}=V_{水}$，有：

$$E=\frac{D}{D+1}\times 100\% \tag{4-5}$$

此时，萃取率完全由分配比决定。当$D=1$时，$E=50\%$，即一次的萃取率仅为50%。若要求萃取率达到90%，则分配比要大于9。当分配比较小时，一次萃取不能满足分离或测定的要求，此时可采用多次连续萃取即增加萃取次数的方法来提高萃取率。

实验结果也显示，当用总体积相同的有机溶剂进行萃取时，少量多次比全量一次的萃取率高，分离效果好，在实际工作中常用这种方法来提高萃取率。需要说明的是，无论是增加萃取次数还是减小两相体积比$V_{水}/V_{有}$来提高萃取率，其效果都是有限的。

一般来说，萃取率越高越好。但在实际分析分离过程中，随待测组分的含量不同对萃取率也有不同的要求。常量组分的萃取率要求不低于99.9%，微量或痕量组分不低于95%或90%。

#### 4.1.1.4　分离因数

在实际萃取过程中，被处理的体系可能比较复杂，有两种或两种以上的溶质存在，此时不仅要了解对某种物质的萃取率，还需要知道对两种组分的分离情况。假设溶液中有A、B两种溶质，用分离因数$\beta$来表示两种组分被萃

取分离的程度，定义为两种组分分配比的比值，又称为分离系数。定义式为：

$$\beta_{A/B} = \frac{D_A}{D_B} \tag{4-6}$$

分离因数也是衡量萃取效果的一个重要指标。从式(4-6)可以看出，当 A、B 两组分的分配比 $D_A$ 和 $D_B$ 较接近时，分离因数 $\beta$ 接近于 1，表明 A、B 两组分不能通过萃取被分离。当 $D_A$ 和 $D_B$ 相差较大时，分离因数 $\beta$ 远离 1，表明 A、B 两组分可以通过萃取被分离。$D_A$ 和 $D_B$ 相差越大，两组分的分离效果越好。通常认为两组分的分离因数大于 $10^4$ 或小于 $10^{-4}$ 才可分离完全。

## 4.1.2　萃取过程热力学

在萃取平衡后，溶质 A 在有机相和水相中的平衡浓度的比值即分配常数 $K_D$ 只有在一定温度下的稀溶液中才是一个常数。若在浓度较高的溶液中进行萃取，则要用活度的比值即活度分配常数 $P_D$ 来表示，$P_D$ 又称为热力学分配常数。定义式为：

$$P_D = \frac{\alpha_{有}}{\alpha_{水}} = \frac{\gamma_{有}[A_{有}]}{\gamma_{水}[A_{水}]} = K_D \frac{\gamma_{有}}{\gamma_{水}} \tag{4-7}$$

式中，$\alpha_{有}$ 和 $\alpha_{水}$ 分别为平衡时 A 在有机相和水相中的活度；$\gamma_{有}$ 和 $\gamma_{水}$ 分别为 A 在有机相和水相中的活度系数。

从式(4-7)可以看出，只有当溶质在两相中的浓度很低，$\gamma_{有}/\gamma_{水}$ 接近于 1 时，两相中的分配系数 $K_D$ 才等于活度分配常数 $P_D$。

## 4.1.3　主要萃取体系及其应用

萃取体系有很多种，下面分别介绍螯合物萃取体系、离子缔合物萃取体系、溶剂化合物萃取体系、简单分子萃取体系以及协同萃取体系。

### 4.1.3.1　螯合物萃取体系

螯合物萃取是指螯合剂与金属离子形成疏水性的中性螯合物后被有机溶剂萃取。所使用的螯合剂应能与待萃取的金属离子形成不带电荷的螯合物，并且带有较多的疏水基团，有利于被有机溶剂萃取。螯合物萃取体系灵敏度高，适用于少量或微量组分的分离，是目前应用最广泛的一类萃取体系。

(1) 萃取剂

在螯合物萃取体系中，螯合剂可以和金属离子形成疏水性的螯合物，被萃取到有机相中。螯合剂又被称为萃取剂，一般为有机弱酸。常用的螯合剂有铜铁试剂(铜铁灵)、8-羟基喹啉、乙酰丙酮、二硫腙(铅试剂)、丁二酮肟(镍试剂，DMG)等。

(2) 萃取平衡

用 HL 表示有机弱酸萃取剂，金属离子 $M^{n+}$ 与 HL 形成螯合物被萃取到有机相中，总的萃取反应如下：

$$M^{n+}_{水} + nHL_{有} \rightleftharpoons ML_{n有} + nH^{+}_{水}$$

萃取平衡常数 $K_{萃}$ 为：

$$K_{萃} = \frac{[ML_n]_{有}[H^+]^n_{水}}{[M^{n+}]_{水}[HL]^n_{有}} \tag{4-8}$$

式中，$[M^{n+}]_{水}$ 和 $[HL]_{有}$ 分别表示水相中金属离子 $M^{n+}$ 和有机相中萃取剂 HL 的浓度；$[ML_n]_{有}$ 和 $[H^+]_{水}$ 分别表示被萃取到有机相中的螯合物 $ML_n$ 和水相中 $H^+$ 的浓度。

萃取体系的分配比 $D$ 表示为：

$$D = \frac{[ML_n]_{有}}{[M^{n+}]_{水} + [ML_n]_{水}} \tag{4-9}$$

一般螯合物 $ML_n$ 在水相中的浓度 $[ML_n]_{水}$ 很小，相对于水相中 $M^{n+}$ 的浓度 $[M^{n+}]_{水}$ 可忽略不计，即有：

$$[M^{n+}]_{水} + [ML_n]_{水} \approx [M^{n+}]_{水}$$

所以

$$D = \frac{[ML_n]_{有}}{[M^{n+}]_{水}} = K_{萃}\frac{[HL]^n_{有}}{[H^+]^n_{水}} \tag{4-10}$$

上述萃取过程实际上包括萃取剂在两相中的分配、萃取剂的解离、螯合物的形成及螯合物在两相中的分配四个平衡关系式。分别如下：

① 萃取剂在两相中的分配平衡，平衡常数用 $K_{D(HL)}$ 表示：

$$HL_{有} \rightleftharpoons HL_{水}$$

$$K_{D(HL)} = \frac{[HL]_{有}}{[HL]_{水}} \tag{4-11}$$

② 萃取剂在水相中的解离平衡，平衡常数用 $K_{HL}$ 表示：

$$HL_{水} \rightleftharpoons H^{+}_{水} + L^{-}_{水}$$

$$K_{HL} = \frac{[H^{+}]_{水}[L^{-}]_{水}}{[HL]_{水}} \tag{4-12}$$

③ 萃取剂与金属离子在水相中形成螯合物的络合平衡，平衡常数用 $K_{稳}$ 表示：

$$M^{n+}_{水} + nL^{-}_{水} \rightleftharpoons ML_{n水}$$

$$K_{稳} = \frac{[ML_{n}]_{水}}{[M^{n+}]_{水}[L^{-}]^{n}_{水}} \tag{4-13}$$

④ 螯合物在两相中的分配平衡，平衡常数用 $K_{D(MLn)}$ 表示：

$$ML_{n水} \rightleftharpoons ML_{n水}$$

$$K_{D(MLn)} = \frac{[ML_{n}]_{有}}{[ML_{n}]_{水}} \tag{4-14}$$

萃取平衡常数与各个分支平衡常数之间的关系为：

$$K_{萃} = \frac{K_{稳}\ K_{D(MLn)} K^{n}_{HL}}{K^{n}_{D(HL)}} \tag{4-15}$$

将式(4-11)、式(4-12)、式(4-13)、式(4-14)代入式(4-10)中，得：

$$D = K_{萃}\frac{[HL]^{n}_{有}}{[H^{+}]^{n}_{水}} = \frac{K_{稳}\ K_{D(MLn)} K^{n}_{HL}\ [HL]^{n}_{有}}{K^{n}_{D(HL)}\ [H^{+}]^{n}_{水}} \tag{4-16}$$

对式(4-16)取对数，得：

$$\lg D = \lg K_{萃} + n\lg[HL]_{有} + n\mathrm{pH} \tag{4-17}$$

(3) 萃取条件的选择

由螯合物萃取体系分配比的计算公式可以看出，分配比与萃取平衡常数、萃取剂浓度以及溶液的 pH 等因素有关。

① 螯合剂的选择。所选的螯合剂与金属离子生成的螯合物越稳定，即形成常数 $K_{稳}$ 越大，萃取平衡常数 $K_{萃}$ 越大，分配比 $D$ 越大，萃取率也越高。萃取剂的浓度大小对分配比 $D$ 也有影响。从公式(4-16)可以看出，螯合剂浓度越大，分配比也越大。因此，有时可以通过增加螯合剂的浓度来提高分配比，增加萃取率。

② 萃取溶剂的选择。萃取溶剂的选择依据“相似相溶”原则。螯合剂与金属离子所生成的螯合物在萃取溶剂中的溶解度越大，萃取率就越高。在螯合萃取体系中，一般选择惰性溶剂作为萃取溶剂。萃取溶剂不应与被萃取组

分发生副反应，黏度要小，与水的密度差别要大，这样有利于分层。此外，萃取溶剂还应难挥发、无毒、无特殊气味、不易燃烧。

③ 溶液酸度的选择。从公式(4-17)可以看出，溶液的 pH 增加，分配比 $D$ 随之增大，萃取率也增加，有利于萃取。但 pH 过高即溶液中$[OH^-]$越大，可能引起金属离子水解，或引起其他干扰反应，反而对萃取不利。因此，应根据萃取的具体情况控制适宜的 pH 范围，来提高萃取的选择性。

④ 干扰离子的消除。干扰离子对于萃取的影响，首先可考虑通过控制溶液的酸度来进行消除。通过控制适当的酸度，有时可选择性地萃取一种离子，或连续萃取几种离子。如果控制酸度达不到很好的分离效果时，可采用加入适当的掩蔽剂来消除干扰，提高萃取的选择性。掩蔽剂一般都是络合剂。需要注意的是，掩蔽剂和干扰离子形成的络合物应不被萃取溶剂萃取。

#### 4.1.3.2　离子缔合物萃取体系

由金属络离子与带有相反电荷的离子以静电引力结合形成的中性化合物即为离子缔合物。离子的体积越大，所带电荷越少，越容易形成疏水性的离子缔合物被有机溶剂萃取。离子缔合物萃取体系的萃取容量大，适用于基体元素的分离，但选择性较差。

(1) 萃取体系分类

常见的离子缔合物萃取体系主要分为以下几类：

① 金属阳离子的离子缔合物。金属离子与大体积的络合剂作用形成络阳离子，再与适当的阴离子缔合，形成疏水性的离子缔合物。例如，$Cu^{2+}$ 与 2，9-二甲基-1,10-邻二氮菲络合形成带正电荷的络阳离子，再与 $Cl^-$ 生成离子缔合物，可被氯仿萃取。

② 金属络阴离子的离子缔合物。金属离子与溶液中的阴离子形成络阴离子，再与大体积的有机阳离子形成疏水性的离子缔合物。例如，$Zn^{2+}$ 与 $SCN^-$ 形成带负电荷的 $Zn(SCN)_4^{2-}$ 络阴离子，再与乙基紫络合生成离子缔合物，可被苯等有机溶剂萃取。

③ 形成锌盐的离子缔合物。形成这一类离子缔合物需要用含氧的有机萃取剂，如醚类、醇类、酮类和酯类等，它们的氧原子具有孤对电子，能够与 $H^+$ 或其他阳离子结合而形成锌离子。锌离子再与金属络阴离子结合形成易

溶于有机溶剂的离子缔合物(即鎓盐)而被萃取。例如在盐酸介质中,用乙醚萃取 $Fe^{3+}$,生成的鎓盐 $(C_2H_5)_2OH^+ \cdot FeCl_4^-$ 可被乙醚萃取。在这里乙醚既是萃取剂又是萃取溶剂。鎓离子以及鎓盐的形成均须在高酸度下实现,因此该萃取体系一般要求较高的酸度,常用不含氧的强酸如盐酸等来调节酸度。各种含氧有机溶剂形成鎓盐的能力各不相同,顺序如下:

$$R_2O < ROH < RCOOH < RCOOR < RCOR$$

④ 形成胺盐的离子缔合物。含氮的有机萃取剂(如大分子胺或碱性染料)与 $H^+$ 形成铵离子型的大离子,再与金属络阴离子形成胺盐而被有机溶剂萃取。例如在盐酸介质中 Tl(Ⅲ)与 $Cl^-$ 络合形成 $TlCl_4^-$ 金属络阴离子,加入以阳离子形式存在于溶液中的甲基紫(或正辛胺),生成不带电荷的疏水性离子缔合物,被苯或甲苯等惰性溶剂萃取。$AuCl_4^-$、$PtCl_6^{2-}$、$PdCl_6^{2-}$、$SbCl_4^-$、$GaCl_4^-$、$InCl_4^-$、$IrCl_6^{2-}$、$UO_2(SO_4)_3^{2-}$、$Re(NO_3)_4^-$ 等可以采用此法萃取,其中阳离子可以是含碳 6 个以上的伯、仲、叔胺或含—$NH_2$ 的碱性染料,有机溶剂可选用苯、甲苯、一氯乙烷、二氯乙烷等惰性溶剂。

⑤ 形成胂盐的离子缔合物。如用砷的有机萃取剂萃取铼,是基于 $ReO_4^-$ 与氯化四苯胂($(C_6H_5)_4AsCl$)反应,生成易溶于苯、甲苯或氯仿等有机溶剂的胂盐。分离体积较大的单电荷阴离子如 $MnO_4^-$、$ClO_4^-$ 及 $IO_4^-$ 等可采用此类萃取体系。

(2) 萃取条件的选择

离子缔合物萃取体系中萃取率的高低与溶液的酸度、萃取剂和萃取溶剂等多种因素有关。

① 溶液的酸度。对于鎓盐萃取体系,一般要求在较高的酸度下进行,才能保证鎓盐的形成,但也并不是越高越好。

② 萃取剂和萃取溶剂。对于鎓盐萃取体系,一般采用含氧的有机溶剂作为萃取剂和萃取溶剂;对于胺盐萃取体系,通常采用含氮的有机溶剂作为萃取剂,萃取溶剂常用苯、甲苯、一氯乙烷等惰性溶剂;对于胂盐萃取体系,一般采用含砷的有机溶剂作为萃取剂,萃取溶剂常用苯、甲苯、氯仿等有机溶剂。

③ 络合剂。往溶液中加入适当的络合剂,使其与溶液中的金属离子生成

亲水性小的络阴离子，再与锌离子、铵离子等形成离子缔合物。

④ 盐析剂。在离子缔合物萃取体系中加入某些与被萃取物具有共同阴离子的无机盐类或酸根，可使被萃取物的分配比显著提高的作用称为盐析作用。加入的盐类称为盐析剂。盐析剂的作用主要体现为：由于溶剂化作用和同离子效应的存在，使得水的介电常数减小，有利于离子缔合物的形成，有利于萃取。盐析剂的离子半径越小，离子价态越高，盐析作用越强。常用的盐析剂有硫酸铵、氯化钠、氯化钾、醋酸钾等。

#### 4.1.3.3　溶剂化合物萃取体系

某些溶剂分子通过其配位原子与无机化合物结合形成溶剂化合物，从而使无机化合物溶于该有机溶剂中，此类萃取体系即为溶剂化合物萃取体系。例如，用磷酸三丁酯（TBP）萃取 $FeCl_3$，TBP 与 $FeCl_3$ 形成的 $FeCl_3 \cdot 3TBP$ 溶剂化合物可溶于 TBP 中被萃取。在此类萃取体系中，中性磷类萃取剂应用最多。这类萃取剂萃取能力的顺序为：

$$(RO)_3P=O < (RO)_2RP=O < (RO)R_2P=O < R_3P=O$$

溶剂化合物萃取体系的显著特点是萃取剂、被萃取物以及二者生成物均为中性物质。

溶剂化合物萃取体系萃取容量大，适用于常量组分的萃取。

#### 4.1.3.4　简单分子萃取体系

简单分子萃取是一类最简单的溶剂萃取类型。被萃取物为单质、难电离的共价化合物或有机化合物。被萃取物在水相和有机相中均以中性分子的形式存在，可用惰性溶剂将其萃取。在该体系中，溶剂即为萃取剂，萃取剂与被萃取物之间没有化学反应，萃取过程是物理分配过程。例如，用 $CCl_4$ 从水溶液中萃取 $OsO_4$、用氯仿从水溶液中萃取 $HgCl_2$ 等均属于简单分子萃取。

#### 4.1.3.5　协同萃取体系

在萃取过程中，当使用两种或两种以上萃取剂组成的混合萃取剂萃取某一金属离子或化合物时，分配比显著高于每一种萃取剂在相同条件下单独使用时的分配比之和，这种使用混合萃取剂使萃取率大大地提高的萃取方法即为协同萃取，体系称为协同萃取体系，简称协萃体系。

早在 1954 年，就有人发现噻吩甲酰三氟丙酮（TTA）与 TBP 的苯溶液混合后对镨和钕的萃取率有显著增大现象，但在当时这一现象并没有引起人们的重视。1956年Blake在研究用二(2-乙基己基)磷酸(DEHPA)从$H_2SO_4$溶液中萃取铀和各种破乳剂时，发现TBP在$H_2SO_4$溶液中几乎不萃取铀。但将它添加到DEHPA的煤油溶液可以使铀的萃取率显著增大。基于此Blake等人提出了协同萃取的概念，称这种现象为协同效应。在上述协萃体系中，TBP为协萃剂。协萃剂的分子结构对协同效应影响很大，中性磷酸酯如TBP、TBPO(三正丁基氧化膦)等常用作协萃剂。其他常见的协萃剂还有羧酸、酚类、胺类、亚砜和杂环类等。

在20世纪60年代以后，协同萃取便应用于工业生产。

### 4.1.4　常用的萃取技术

实验室常用的萃取分离方式一般有三种：单级萃取、多级萃取和连续萃取。

#### 4.1.4.1　单级萃取

单级萃取又称间歇式萃取，是溶质和溶剂之间的一次平衡。单级萃取在分液漏斗中操作，一般几分钟内即可达到平衡。单级萃取是分析中应用最多、最简单的一种萃取方式，适用于分配比较大的萃取体系。

#### 4.1.4.2　多级萃取

多级萃取又称错流萃取，是料液经过萃取后，萃余液与新鲜的萃取剂接触，再次进行萃取。即第一级的萃余液进入第二级作为料液，并加入新鲜萃取剂进行萃取；第二级的萃余液再作为第三级的料液，以此类推。多级萃取的特点是：每一级均要加入新鲜萃取剂，因此萃取剂消耗量大，得到的萃取液产物平均浓度较低，但萃取较完全，萃取率比单级萃取高。多级萃取适用于水相中只含有一种被萃取物质的体系。

#### 4.1.4.3　连续萃取

连续萃取是把已经萃取过的有机溶剂在蒸馏瓶中加热蒸馏出来，经冷凝后再滴入水相，萃取后又流入蒸馏瓶中，使得有机溶剂得到反复使用。连续萃取适用于被萃物的分配比不高的情况。

### 4.1.5　溶剂萃取新技术

逆流萃取是近年来发展起来的一种萃取新技术，是含有被萃取物的水相和有机相分别从萃取器的两端流入，以相反方向流动，进行连续多次接触分层而达到分离目的的过程。逆流萃取的特点是合理使用有机相，分离效果好，特别适用于分配比较小的萃取体系。下面介绍几种逆流萃取新技术。

#### 4.1.5.1　多级逆流萃取

在萃取过程中，为了用较少的萃取剂达到较高的萃取率，常采用多级逆流萃取的方式。原料液与萃取剂分别从萃取器的两端加入，在级间做逆向流动，最终的萃取相和萃余相可在溶剂回收装置中脱除萃取剂得到萃取液和萃余液，各自从另一端分离去。由于原料液和萃取剂各自经过多次萃取，因而萃取率较高，萃取液中被萃组分的浓度也较高。而脱除的溶剂可返回系统循环使用，又能为生产节约大量的成本。多级逆流萃取是工业萃取常用的方法。

#### 4.1.5.2　连续逆流萃取

连续逆流萃取也是常用的工业萃取方法，是在连续逆流萃取器中，原料液与萃取剂在逆向流动的过程中进行接触传质。原料液与萃取剂之中，密度大的称为重相，密度小的称为轻相。轻相自萃取器底端进入，从顶部溢出；重相自顶部加入，从底端导出。假设用一种比水轻的有机相作为萃取剂萃取水相中的物质，萃取剂从下面进入萃取室后，与从上面进入的含有试样的水相接触，萃取剂和水相以相反方向流动，萃取剂萃取后被收集，经过蒸馏、冷凝，再进入萃取室，水相通过泵也进入萃取室。经过反复循环的连续逆流萃取，可使被萃取物得到高效萃取。

#### 4.1.5.3　高速逆流萃取

高速逆流萃取是 20 世纪 80 年代发展起来的一种连续高效的萃取分离技术。它利用螺旋柱在行星运动时产生的多维离心力场，使互不相溶的两相不断混合，同时保留其中的一相（固定相），利用恒流泵连续输入另一相（流动相），随流动相进入螺旋柱的溶质在两相间反复进行分配，按分配系数的大小顺序被依次萃取分离出。在流动相中分配比例大的组分先被洗脱，在固定相中分配比例大的组分后被洗脱，从而实现分离。高速逆流萃取具有分离效果好，适用范围广，操作灵活、快速，制备量大，费用低，高效环保等优点。

## 4.2　胶团萃取

胶团萃取是把被萃取物以胶团或者胶体形式从水相萃取到有机相中的溶剂萃取方法。胶团萃取既可用于无机物的萃取，也可用于有机物的萃取。在无机物方面，金属或其无机盐可以形成疏水性胶体粒子进入有机相。被萃取物主要包括金、银、硫酸钡等，溶剂主要包括氯仿、四氯化碳和乙醚等物质。

### 4.2.1　胶团的形成

胶团又称胶束，是双亲（亲水又亲油）物质，在水或有机溶剂中自发形成的聚集体。胶团的一个重要特性就是增溶作用。

表面活性剂是一类典型的双亲物质，是由亲水憎油的极性基团和亲油憎水的非极性基团两部分组成的两性分子。在水中，当表面活性剂的浓度达到临界胶束浓度（简称 CMC）时，多个表面活性剂分子（或离子）的疏水基团相互缔合，亲水基团朝向水相，形成胶体粒子大小的聚集体即胶团。

胶团的大小形状与表面活性剂的浓度有关，浓度由低到高时，胶团形状依次为球形、棒状六角束、层状、液晶状等。

### 4.2.2　胶团的分类

胶团分为正胶团和反胶团两类。

正胶团又称为正向胶团或正向微胶团，是表面活性剂在极性溶液中形成的，其亲水性的极性端向外指向极性溶液，疏水性的非极性端向内相互聚集，中间形成非极性的“核”。

反胶团又称为反向胶团或反向微胶团，是表面活性剂在非极性有机溶剂中形成的，其亲水性基团自发地向内聚集，中间形成极性的"核"。其疏水性的非极性端向外，指向非极性溶剂，而极性端向内，与在水相中形成的微胶团方向相反。

反胶团中极性的"核"包括由表面活性剂的极性端组成的内表面、平衡离子和微小水滴。其中溶解的水称为微水相或"水池"。由于这个"水池"具有极性，因此可以溶解极性的分子和亲水性的生物大分子。在此基础上还可以溶解一些原来不能溶解的物质，即二次加溶。如反胶团的极性"核"在溶解了水之后，可以进一步溶解氨基酸、蛋白质和核酸等生物活性物质。由于胶团的屏蔽作用，这些生物物质不与有机溶剂直接接触，"水池"的微环境又保护了生物物质的活性，可以达到溶解、分离生物物质的目的。反胶团萃取可用于氨基酸、多肽和蛋白质等生物分子的分离纯化，特别是蛋白质类生物大分子。

### 4.2.3　反胶团萃取机理

反胶团是表面活性剂分散在有机溶剂中自发形成的纳米级聚集体，是一种透明、稳定的热力学体系。在反胶团内部，双亲分子极性端相互聚集形成一个极性"核"，可以增溶蛋白质、水等极性物质，增溶了大量水的反胶团体系即为微乳液。水在反胶团中以自由水和结合水两种形式存在。结合水由于受到双亲分子极性端的束缚，具有与普通水不同的物理化学性质，如介电常数减小、黏度增大、共价键参数改变等。

水相中的溶质进入反胶团相需经历三步传质过程：① 通过表面液膜扩散，从水相到达相界面。② 在相界面处溶质进入反胶团中。③ 含溶质的反胶团扩散进入有机相。

一般认为，反胶团萃取过程是静电力、疏水力、空间力、亲和力或几种力协同作用的结果。

反胶团的微小界面和微小水相具有两个特异性功能：一是具有分子识别并允许选择性透过的半透膜功能；二是在疏水性环境中具有使亲水性大分子如蛋白质等保持活性的功能。

### 4.2.4　影响反胶团萃取的主要因素

影响反胶团萃取的因素很多，包括表面活性剂、水相的 pH、离子种类及浓度、体系温度等。下面以反胶团萃取蛋白质为例介绍影响萃取的主要因素。

#### 4.2.4.1　表面活性剂的影响

表面活性剂的存在是构成反胶团的必要条件，也是影响反胶团萃取的一个关键因素。阴离子表面活性剂、阳离子表面活性剂和非离子型表面活性剂都可以在非极性溶剂中形成反胶团。

不同结构的表面活性剂形成的反胶团的含水量和性能有很大差别。因此，应从反胶团萃取蛋白质的机理出发，选择有利于增强蛋白质表面电荷与反胶团内表面电荷间的静电作用和增强反胶团大小的表面活性剂。通常希望所选表面活性剂形成极性核较大的反胶团，且反胶团与蛋白质的作用不能太强，以防止蛋白质失活。在反胶团萃取蛋白质研究中，使用最多的是阴离子型表面活性剂双(2-乙基己基)琥珀酸酯磺酸钠(AOT)，AOT 具有双链，形成反胶团时无需添加辅助表面活性剂。AOT 反胶团萃取体系适宜于小分子量(分子量＜30 kDa)蛋白质如胰蛋白酶、细胞色素 C、溶菌酶等的萃取。AOT 反胶团体系对于分子量较大的蛋白质如血红蛋白、血清蛋白、胃蛋白酶等的萃取率很低，且易在两相界面形成不溶性膜状物。当蛋白质的分子量较大时，体积相对就大，传递过程中障碍也大，因此萃取率相对较低。

决定蛋白质萃取率的一个关键因素是表面活性剂的疏水基结构，表面活性剂的疏水基和蛋白质的疏水部位之间的作用可显著提高蛋白质的萃取率。因此，在反胶团萃取蛋白质时应选择具有较强疏水性的表面活性剂。

反胶团萃取蛋白质常用的阳离子表面活性剂有十六烷基三甲基溴化铵(CTAB)、十二烷基苯基氯化铵(DMBAC)、三辛基甲基氯化铵(TOMAC)等铵盐；非离子表面活性剂有 Tween-80、Span-60 等，但利用非离子表面活性剂形成反胶团的研究很少。

表面活性剂的浓度也会影响蛋白质的萃取。增大表面活性剂的浓度可增加反胶团的数量，增大对蛋白质的溶解能力。但表面活性剂浓度过高，会在溶液中形成复杂的聚集体，增加反萃取的难度。因此，应根据实验选择适宜的浓度。

#### 4.2.4.2　亲和助剂的影响

蛋白质的分子量往往很大，超过几万或几十万，单一表面活性剂形成的反胶团不足以包容大的蛋白质，因此无法实现萃取或萃取率较低。此时可加入一些助表面活性剂或引入亲和试剂形成复合反胶团体系。例如，在反胶团中引入与目标蛋白质有特异亲和作用的助剂可形成亲和反胶团。亲和助剂的极性端是一种亲和配基，可选择性地结合目标蛋白质，这样能使蛋白质的萃取率和选择性大大地提高，还可使操作参数如水相的 pH、离子强度等的范围变宽。

#### 4.2.4.3　水相 pH 的影响

水相的 pH 也是影响蛋白质萃取的一个重要因素。pH 对蛋白质萃取过程的影响主要体现在改变蛋白质的表面电荷上。

在某一 pH 的溶液中，蛋白质解离为阳、阴离子的趋势及程度相等，所带静电荷为零，呈电中性，此时溶液的 pH 称为该蛋白质的等电点(pI)。蛋白质是一种两性物质，具有确定的等电点。

在一定条件下，当溶液的 pH 小于蛋白质的 pI 时，蛋白质表面带正电荷，如果选用的反胶团内核带负电，则蛋白质的正电荷与反胶团的内表面相吸，蛋白质在静电作用下由水相转入反胶团相，形成稳定的含蛋白质的反胶团，从而实现不同 pI 蛋白质的分离。一般来说，不同蛋白质达到最大萃取率时原料液 pH 偏离蛋白质 pI 的程度不一样，但 pH 偏离 pI 较远时，由于强烈的静电作用，表面活性剂吸附在蛋白质表面，在两相界面形成蛋白质-表面活性剂不溶凝聚物，蛋白质变性严重。如果溶液的 pH 大于蛋白质的 pI 时，蛋白质在反胶团中的溶解度很低或不溶解。

#### 4.2.4.4　离子种类及浓度的影响

水相中的盐及浓度影响蛋白质表面的电荷分布及表面活性剂的电离程度。通常，随着离子强度的增加，离子向反胶团内“水池”的迁移并取代其中蛋白质的倾向增强，而蛋白质与反胶团内核的静电作用减弱，使蛋白质从反胶团内盐析出来，萃取率降低。因此，低的离子强度有利于蛋白质的萃取，高的离子强度有利于蛋白质的反萃取。

选用的离子种类对蛋白质的萃取率也有显著的影响，影响主要体现在改变反胶团内表面的电荷密度上。通常反胶团中表面活性剂的极性基团不是完全电离的，有很大一部分阳离子仍在胶团的内表面上。极性基团的电离程度越大，反胶团内表面的电荷密度越大，产生的反胶团也越大。

#### 4.2.4.5　其他因素的影响

温度也是影响反胶团提取蛋白质的一个重要因素。一般来说，温度升高会使反胶团的含水量下降，不利于蛋白质的萃取。因此通过提高温度可实现蛋白质的反萃取。

蛋白质的溶解方法及其在原料液中的初始浓度也影响蛋白质的萃取。蛋白质的溶解方法通常有三种：① 注入法。将含有蛋白质的水溶液直接注入表面活性剂的有机相中。② 相转移法。将含有蛋白质的水相与溶解有表面活性剂的有机相接触，缓慢地搅拌，在形成反胶团的同时，其中的蛋白质转移到反胶团中。③ 溶解法。对于蛋白质固体粉末或不溶于水的蛋白质，可采用溶解法将蛋白质引入到反胶团中。三种方法中相转移法形成的反胶团体系最稳定，它是反胶团技术用于生化分离的基础。

### 4.2.5　反胶团萃取在生物样品分离中的应用

虽然反胶团萃取技术目前仍处于起步阶段，尚未得到大规模工业应用。但是大量的研究工作已经证明了反胶团萃取在分离生物大分子特别是提取蛋白质方面具有显著的优点：成本低，溶剂可循环使用；萃取率和反萃取率都很高，选择性好；过程简单，分离和浓缩可同时进行；能解决蛋白质在非细胞环境中迅速失活的问题；可直接从完整细胞中提取具有活性的蛋白质和酶等。

#### 4.2.5.1　蛋白质混合物的分离

在反胶团萃取蛋白质中使用最多的是 AOT 体系，AOT 的极性基团较小，形成的反胶团空间较大，有利于生物大分子进入。Goklen 等人以 AOT/异辛烷反胶团体系为萃取剂，成功地对核糖核酸酶、细胞色素 *C* 和溶菌酶的混合物进行分离，并取得了理想的效果。Poppenborg 等人用 AOT/异辛烷体系在 Graesser 接触器中对溶解酵素和细胞色素 *C* 进行提取，所得两种酶的萃取率在95%以上。Nishiki 等人用二烷基磷酸盐/异辛烷反胶团体系对溶菌酶和肌红蛋白进行分离，结果显示溶菌酶进入反胶团相，而肌红蛋白则留在水相。

#### 4.2.5.2 油脂的合成和水解

Fernandes 等人利用 AOT/异辛烷反胶团体系，用 TLL 脂肪酶催化合成了十二烷酸乙酯，酯的合成率达到92%。褚莹等人在 AOT/正己烷和 CTAB/正己烷两种反胶团体系中，用柱状假丝酵母脂肪酶催化异丁酸与异戊醇酯合成反应，制备了异丁酸异戊酯。

Mayank 等人采用卵磷脂反胶团体系，用 Rhizopus Javanicus 和 Condida Rugosa 两种脂酶水解奶油，得到产率较高的游离脂肪酸。

#### 4.2.5.3 酶的提取和分离

黄光荣等人采用 AOT/异辛烷反胶团体系从嗜热芽孢杆菌 HS08 发酵液中提取胞外的耐高温中性蛋白酶，酶活力回收率达到80%以上。

Giovenco 等人用 CTAB/己醇-辛烷体系反胶团溶液从棕色固氮菌细胞悬浮液中提取、纯化细胞内 β-羟丁酸脱氢酶，既不破坏菌细胞，也可保持酶的活性，酶活力回收率可达85%。

Dekker 等人用由两个混合槽和两个澄清槽组成的连续萃取/反萃取装置，以 AOT/异辛烷反胶团体系为循环萃取剂，将 α-淀粉酶浓缩了8倍，酶活力损失约30%。

#### 4.2.5.4 肽和氨基酸的合成及氨基酸的分离

Dias 等人用 TTAB/庚烷/异醇反胶团体系合成和结晶了二肽。Serralbeiro 等人在 TTAB/戊烷/辛醇反胶团体系中，在 α-糜蛋白酶催化下成功地合成了苯丙氨酰亮氨酸，酶反应在管式陶瓷膜反应器中间歇进行，产物随底物及副产物一同透过膜，通过选择性作用在超滤膜上分级分离。

Cardoso 等人用 TOMAC/己醇/正庚烷反胶团体系对天冬氨酸、苯丙氨酸和色氨酸混合氨基酸进行了萃取分离，结果发现，等电点非常接近的苯丙氨酸(pI=5.76)和色氨酸(pI=5.88)也可以完全分离。

#### 4.2.5.5 有毒物质的降解

Crecchio 等人将酶固定在反胶团体系中，成功地去除了水中的芳香族混合物，反应产物可溶于水，用过滤法分离。

## 4.3 双水相萃取

双水相萃取是利用双水相的成相现象及物质在互不相溶的两水相间分配系数的差异进行萃取的方法。

双水相萃取现象最早是在 1896 年由荷兰微生物学家 Beijerinck 将明胶与琼脂或可溶性淀粉水溶液混合时发现的，这种现象被称为聚合物的不相溶性，从而产生了双水相体系。1956 年瑞典 Lund 大学的 Albertsson 提出了双水相萃取的概念，并成功地利用双水相体系分离了叶绿素，解决了蛋白质变性和沉淀的问题。20 世纪 70 年代中期，Kula 和 Kroner 等人首先将双水相系统应用于从细胞匀浆液中提取酶和蛋白质，大大地改善了胞内酶的提取效果。我国于 20 世纪 80 年代也开始了双水相萃取技术的研究，该技术在我国虽然研究时间不长，但是由于其条件温和，易放大，可连续操作，目前已成功应用于蛋白质和抗生素、中药有效成分等生物产品的分离和纯化。

### 4.3.1 双水相体系的形成与成相机理

双水相体系是指某些有机物之间或有机物与无机盐之间，在水中以适当的浓度溶解后形成的互不相溶的两水相体系。

根据成相物质的不同，双水相体系一般可分成四大类：① 高聚物/高聚物双水相体系，如聚乙二醇/葡聚糖、聚乙烯醇/甲基纤维素、甲基纤维素/葡聚糖等；② 高聚物/无机盐双水相体系，如聚乙二醇/磷酸铵、聚乙二醇/磷酸钾、聚乙二醇/硫酸钠等；③ 低分子有机物/无机盐双水相体系，如乙醇/硫酸铵、丙酮/硫酸铵、乙醇/磷酸氢二钾、乙醇/磷酸二氢钠等；④ 表面活性剂双水相体系，如十二烷基硫酸钠/十六烷基三甲基溴化铵、十二烷基三甲基溴化铵/月桂酸钠、十二烷基硫酸钠/咪唑类离子液体等。

对于双水相体系的形成机理多种多样，至今还没有一套完整的理论模型可以解释。但是，大多数学者认为，对于传统的高聚物/高聚物双水相体系，高聚物的大分子由于界面张力等因素形成两相间的不对称，在空间上产生了空间阻隔效应，使两相间无法相互渗透，在一定条件下形成了双水相；高聚物/无机盐双水相体系的形成是盐析作用的结果；低分子有机物/无机盐双水相体系的形成是盐溶液与有机溶剂争夺水分子形成缔合物的结果；表面活性剂双水相体系的形成是表面活性剂混合溶液中不同结构和组成的胶束平衡共存的结果。

## 4.3.2　双水相萃取的基本原理

双水相萃取是依据物质在两相间的选择性分配来达到萃取分离的目的。当物质进入双水相体系后，由于表面性质、电荷作用和各种力（如氢键、离子键和疏水键等）的存在以及环境因素等的共同影响，使其在上、下相中的浓度不同。不同的物质在两相中的浓度比即分配系数不相同，据此可对物质进行分离。

## 4.3.3　双水相萃取的影响因素

物质在双水相体系两相间的分配受到多种因素的影响，如成相物质的种类及其浓度、溶液 pH 和体系温度等。对于某一物质，只要选择合适的双水相体系，控制一定的条件，就可以得到较大的分配系数，从而达到分离纯化的目的。

### 4.3.3.1　成相物质的种类及其浓度

不同的双水相体系对同一种物质的萃取效果往往相差很大。不同种类的聚合物、盐和表面活性剂，甚至同一种聚合物的分子量不同都会影响其分离效果。在萃取时，由于聚合物的疏水性随着相对分子量的增加而增大，因此分配系数也随之发生改变。

聚合物、盐和表面活性剂在整个体系中含量的变化对萃取的影响也很大。它们可以改变萃取体系中上、下相的组成，影响待分离物质在上、下相中的分配,进而影响分配系数。

#### 4.3.3.2　溶液 pH

溶液 pH 的变化会导致组成双水相体系的物质的电性发生变化,也会使被分离物质的电荷发生改变,从而影响分配的进行。

#### 4.3.3.3　体系温度

温度对双水相萃取的影响,主要是通过影响两相组成成分的变化间接地影响溶质在两相间的分配。但一般来说,温度对萃取效果的影响并不像其他条件那么显著,1～2 ℃的温度变化并不会影响物质的萃取分离。

### 4.3.4　双水相萃取的特点

与传统的分离方法相比,双水相萃取技术在生物物质的分离和纯化方面表现出独有的技术优势:

① 易于放大,各种参数可按照比例放大而产物收率并不降低。分配系数仅与分离体积有关,这是其他过程无法比拟的,这一点对于工业应用尤为有利。

② 传质和平衡过程速度快,回收效率高,相对于某些分离过程来说,能耗较小,速度快。

③ 易于进行连续化操作,设备简单,而且可以直接与后续提纯工序相连接,无需进行特殊处理。

④ 分离条件相对温和,能保持绝大部分生物分子的活性,可直接用在发酵液中。操作条件温和,整个操作过程在常温常压下进行。

⑤ 不存在有机溶剂残留问题,高聚物一般不易挥发,操作环境对人体无危害。

### 4.3.5　双水相萃取的应用

双水相萃取技术在我国虽然只有 20 多年的历史,但由于其条件温和,易放大,可连续操作,绿色环保,目前已成功地应用于金属离子、蛋白质和抗生素等生物物质以及天然产物有效成分的分离和纯化。

#### 4.3.5.1　在金属离子分离方面的应用

传统的金属离子溶剂萃取方法存在着溶剂污染环境、运行成本高、工艺复杂等缺点。1984 年，Zvarova 等人首次提出将双水相体系应用于金属离子的分离。与传统的分离方法相比较，双水相体系对贵金属、稀有金属的分离与检测具有环境友好、废弃物少、运行成本低、工艺简单等优点。张天喜等人研究了聚乙二醇/硫酸钠双水相体系萃取一价金属氰化物 $Au(CN)_2^-$，体系安全无毒，萃取分离效率高。邓凡政等人利用聚乙二醇/硫酸铵双水相体系实现了 Ti(Ⅳ)和 Zr(Ⅳ)的萃取分离。张焱等人利用丙醇/水双水相体系对电镀废水中的镉缔合物进行了萃取，结果显示萃取分离完全，对于微克级的含镉废水经过滤净化处理后即可达到直接排放的标准。

#### 4.3.5.2　在生物分子分离方面的应用

双水相萃取技术已广泛应用于蛋白质、生物酶、细菌等生物大分子以及抗生素、氨基酸等生物小分子物质的分离。王巍杰等人利用聚乙二醇/酒石酸钾钠双水相体系对藻蓝蛋白进行了萃取提纯。Gisela 等人利用 PEG/柠檬酸钠双水相体系从牛胰腺中萃取了胰蛋白酶。Sarote 等人利用聚乙二醇/硫酸铵双水相体系从木瓜乳浆中萃取出了高纯度的木瓜蛋白酶。江洋洋等人利用溴化 1-丁基-3-乙基咪唑/聚乙二醇双水相体系对青霉素进行了萃取提纯。Salabat 等人利用乙二醇/硫酸盐双水相体系对由 L-色氨酸、L-酪氨酸和 L-苯基丙氨酸所组成的混合溶液中的氨基酸进行完全的萃取分离。

#### 4.3.5.3　在天然产物有效成分分离方面的应用

天然产物活性成分包括黄酮类、生物碱类、皂甙类等几百种。利用中草药治病是我国独有的方法，但中草药中所含成分复杂，因此必须对其进行提炼，近年来有很多用双水相萃取提取中草药有效成分的报道。邢健敏等人采用 Triton X-114 温度诱导双水相体系实现了芦荟多糖与蛋白质的一次性分离，并从芦荟凝胶汁中分离纯化制备得到芦荟多糖；谢涛等人采用聚乙二醇/磷酸氢二钾双水相体系提取了三七中的总皂甙；邓凡政等人采用 1-丁基-3-甲基咪唑四氟硼酸盐/磷酸二氢钠离子液体双水相体系考察了芦丁的分配性能；李羚等人采用丙醇/硫酸铵双水相体系与超声结合对回心草中的多酚进行了提取分离。

双水相萃取技术是一种应用前景广阔的新型生物分离技术。目前,该技术已广泛应用于众多产品的分离提纯。但现阶段双水相萃取还处于起步阶段,还有许多问题有待于深入研究探讨。

## 4.4 超临界流体萃取

超临界流体萃取又称为气体萃取、流体萃取、稠密气体萃取、蒸馏萃取等,是利用临界或超临界的流体作为萃取剂,依靠被萃取的物质在不同的蒸气压力下所具有的不同化学亲和力和溶解能力进行分离、纯化的单元操作。

超临界流体萃取可以在常温或不高的温度下选择性地溶解出某些难挥发的物质,因此特别适用于提取或精制热敏性和易氧化的物质。而且,由于萃取剂是气体,易除去,所得萃取产品无毒性残留,因此该分离方法在食品工业、医药工业、化学工业及香料工业等方面已得到了较为广泛的应用。

我国超临界流体萃取研究开始于 20 世纪 80 年代初,多年来,研究人员在香料类物质、脂类物质、生物碱、色素以及其他组分超临界流体萃取与分离等方面做了大量的工作,超临界流体萃取在我国得到了迅猛发展,很多成果已经实现了工业化生产。

### 4.4.1 超临界流体

超临界流体是处于临界温度和临界压力以上,介于液体和气体之间的流体。超临界流体具有液体和气体的双重特性,密度接近于液体,使得它具有像液体溶剂一样溶解其他物质的能力;黏度与普通气体相近,但扩散系数比液体大 100 倍,这就使得超临界流体萃取传质过程比液液萃取更为高效。随着压力和温度条件的改变,超临界流体的密度可在较大范围内波动,因此可以通过改变超临界流体的状态来调节其溶解能力。超临界流体对许多物质有很强的溶解能力,对物质的萃取具有选择性,因此是一种性能优异的萃取剂。

作为萃取剂的超临界流体应满足以下要求：化学稳定性好，不腐蚀设备，临界温度、临界压力和操作温度适当，价格低廉，易获得，无毒，溶解度大，选择性好。可以作为超临界流体的物质很多，如二氧化碳、水、乙烷、丙烷、乙烯、丙烯、丙酮、苯、环己烷、氨、一氧化亚氮、六氟化硫等。其中二氧化碳具有无毒、无嗅无味、不易燃、化学性质稳定、价廉易得、使用安全等优点，是超临界流体萃取中普遍使用的一种较为理想的溶剂。

## 4.4.2 超临界流体萃取分离的基本原理

超临界流体萃取分离是利用其溶解能力与密度的关系，即利用压力和温度对超临界流体溶解能力的影响而进行的。在超临界状态下，将超临界流体与待分离的物质接触，使其有选择性地依次把极性大小、沸点高低和相对分子质量大小不同的成分萃取出来。然后借助减压、升温等方法使超临界流体变成普通气体，被萃取物质即可完全或基本析出，从而达到分离提纯的目的，并将萃取和分离两个过程合为一体。这就是超临界流体萃取分离的基本原理。

## 4.4.3 超临界流体萃取的影响因素

在超临界流体萃取过程中，萃取的温度、压力、超临界流体流量的大小以及样品的粒度大小等都影响萃取分离的效果。

### 4.4.3.1 萃取压力

萃取压力是超临界流体萃取最重要的参数之一。当其他条件固定时，压力增加，流体的密度增大，溶剂的溶解度也增大。不同的物质，萃取压力差别很大。

### 4.4.3.2 萃取温度

萃取温度对超临界流体溶解能力的影响比较复杂。一方面，当其他条件固定时，温度升高会使被萃取物的挥发性增加，被萃取物在超临界气相中的浓度增加，从而使萃取量增大；另一方面，温度升高使得超临界流体的密度降低，组分在其中的溶解度减小，导致萃取量减小。因此在选择萃取温度时应综合考虑。

#### 4.4.3.3　流体流量

超临界流体的流量大小对萃取有两个方面的影响。一方面，增大超临界流体的流量，萃取器中流体的流量相应增加，流体滞留时间缩短，与被萃取物接触时间减少，不利于萃取；另一方面，增大超临界流体的流量，可增加萃取过程的传质推动力，传质系数相应增大，使得传质速度加快，可提高萃取能力。因此，应合理选择超临界流体的流量。

#### 4.4.3.4　样品粒度

粒度的大小可影响萃取回收率。一般来说，减小样品粒度，可增加固体与溶剂的接触面积，提高萃取速度。但粒度过小，有可能堵塞筛孔，造成萃取器出口过滤网的堵塞。因此，应根据具体情况选择适宜的粒度大小。

### 4.4.4　超临界流体萃取方法的分类

超临界流体萃取是由萃取和分离两个阶段组成的，根据分离方法的不同，可以把超临界流体萃取过程分为等温法、等压法和吸附法。在萃取阶段和解析阶段温度基本相同的情况下，利用降低压力使溶质的溶解度下降而在解析阶段沉淀出来的方法为等温法。该方法是最普遍的超临界流体萃取方法，适用于从固体物质中萃取脂溶性组分、热不稳定组分等。在萃取阶段和解析阶段的压力基本相同，利用温度改变使溶质的溶解度下降而实现物质分离的方法为等压法。由于适用性不强，该种方法在科研和实际生产过程中应用不多。吸附法大致是一个等温等压过程，是在解析阶段用吸附剂将萃取阶段已经溶解在超临界流体中的溶质吸附出来，从而使溶质与超临界流体分离。吸附法比前两种方法简便，但吸附剂的选择非常关键，应选用价廉、易于再生的吸附剂。根据具体情况，吸附剂可以是液体（如水、有机溶剂等），也可以是固体（如活性炭）。

### 4.4.5　超临界$CO_2$流体萃取

超临界$CO_2$是目前最常用的萃取剂。$CO_2$的临界温度接近于室温，可在室温附近实现超临界萃取，以节约能耗；$CO_2$的临界压力不高，萃取设备加工简单；$CO_2$对大多数溶质具有较大的溶解度，而水在$CO_2$相中的溶解度很小，因此可利用超临界$CO_2$来萃取分离有机水溶液。

#### 4.4.5.1 超临界$CO_2$流体萃取的特点

与传统的分离技术相比较，超临界$CO_2$流体萃取技术具有以下独特的优点：

(1) 临界条件易达到

$CO_2$的临界温度为31.1 ℃，临界压力为7.2 MPa，可有效防止热敏性成分的氧化和逸散，完整地保留生物活性，而且能把高沸点、低挥发度、易热解的物质在其沸点温度以下萃取出来。

(2) 萃取效率高

萃取和分离两个过程合二为一，无溶剂残留，操作简便，萃取效率高。

(3) 分离工艺简单

温度和压力都可以成为调节萃取过程的参数。可通过控制温度或压力达到萃取分离的目的，工艺流程简单，萃取速度快。

(4) 能耗低

当饱含溶解物的$CO_2$流体流经分离器时，由于压力下降使得$CO_2$流体与被萃取物成为两相而立即分开，不存在物料的相变过程，节约了大量相变热；且$CO_2$流体循环使用，不需要回收溶剂。因此分离过程能耗低，节约成本。

(5) 过程安全无污染

超临界$CO_2$流体在常态下是气体，无毒，安全性好；全过程不使用有机溶剂，提取物无溶剂残留，也防止了萃取过程对人体的毒害和对环境的污染；而且萃取流体可循环使用，可实现生产过程的绿色化。

但是，超临界$CO_2$流体萃取技术也有其局限性，如超临界流体萃取较适合那些亲脂性、分子量较小的物质的萃取，对于极性较强、分子量大的物质的萃取，需要加入夹带剂或在很高的压力下进行，这就带来了一定的难度。

#### 4.4.5.2 超临界$CO_2$流体萃取的应用

超临界$CO_2$流体萃取技术具有提取率高、选择性好、无溶剂残留、能有效萃取热敏性及易氧化、易挥发物质等优点，因而被广泛用于医药、食品、化工等领域。

(1) 在医药工业中的应用

超临界$CO_2$流体萃取可用于维生素、酶等的精制；动植物体内药物成分的萃取；医药品原料的浓缩、精制、脱溶；脂肪类混合物的分离精制；酵母、菌体生成物的萃取等。美国ADL公司利用超临界$CO_2$流体萃取技术从7种植物中萃取出治疗癌症的有效成分；Polak等人成功地从藻类中萃取分离出脂类物质；姜继祖等人从光菇子中萃取出秋水仙碱；Palma等人从葡萄籽中萃取出酚类化合物。

(2) 在食品工业中的应用

超临界$CO_2$流体萃取可用于动植物油的萃取；食品的脱脂；植物色素的萃取；酒精饮料的脱色、除臭等。Zesst等人利用超临界$CO_2$流体从咖啡豆中脱除咖啡因；孙庆杰等人从加工番茄酱后的番茄副产物中提取番茄红素，提取率可达90%。

(3) 在化学工业中的应用

超临界$CO_2$流体萃取可用于烃类的分离；α-烯烃的分离；正构烷烃与异构烷烃的分离；链烷烃与环烷烃；芳香烃的分离；恒沸混合物的分离；高分子混合物的分离；有机溶剂水溶剂的脱水等。Lery等人对汽油中的烷烃、烯烃和芳香族化合物实现了选择性分级萃取；Tarek等人在45 ℃、7.5 MPa条件下，用超临界$CO_2$流体实现了城市空气尘埃中烷烃和多环芳烃的有效分离。

(4) 在香料工业中的应用

超临界$CO_2$流体萃取可用于天然香料的提取；合成香料的萃取和精制；化妆品原料的萃取和精制；烟叶脱尼古丁等。Hawthorne等人利用超临界$CO_2$流体萃取出薄荷和青兰中的精油；美国SKW公司从啤酒花中萃取出啤酒花油，现已规模生产。

(5) 在其他工业中的应用

超临界$CO_2$流体萃取可用于煤液化油的萃取和脱尘；煤中石蜡；煤焦油；杂酚的萃取；石油残渣油的脱沥青；废水中重金属离子的去除等。刘勇等人用超临界$CO_2$流体制备了煤粉；陈胜利等人将超临界$CO_2$流体萃取技术用于渣油脱除沥青的处理；李贺松等人用超临界$CO_2$流体萃取出金属离子铜、钴、镍。

## 4.5 微波协助萃取

微波协助萃取又称为微波辅助萃取或微波萃取,是将微波和传统溶剂萃取法相结合形成的一种新的萃取方法。微波是指频率在300 MHz至300 GHz的电磁波。微波萃取是利用微波使固体或半固体物质中的某些有机物成分与基体有效地分离,并能保持分析对象的原本化合物状态。与其他传统萃取技术相比较,微波萃取可有效地提取物料中的有效成分,对提取物具有高选择性,同时具有提取速度快、产率高、耗能低、溶剂用量少、设备简单、操作简便、污染小、适用范围广等优点。

微波萃取技术相对于其他萃取技术起步较晚。1986年,匈牙利学者Ganzler首先提出用微波进行萃取的方法,并将其用于分析试样的预处理中。经过多年的发展,微波萃取技术现已广泛应用于环境分析、化工分析、食品及生化分析以及天然产物的提取等领域。

### 4.5.1 微波协助萃取的基本原理

微波协助萃取是利用微波能来提高萃取速率的一种方法。其原理是在微波场中,吸收微波能力的差异使得基体物质的某些区域或萃取体系中的某些组分被选择性加热,从而使得被萃取物质从基体或体系中分离,进入到介电常数较小、微波吸收能力相对差的萃取剂中。

### 4.5.2 微波协助萃取的工艺及设备

微波萃取的大致工艺流程为:选料→清洗→粉碎→微波萃取→分离→浓缩→干燥→粉化→产品。

用于微波萃取的设备可分成两大类:一类为微波萃取罐,另一类为连续微波萃取线。两者的主要区别是前者分批处理物料,类似于多功能提取罐;后者则是连续方式工作的萃取设备。

### 4.5.3　微波协助萃取技术的应用

#### 4.5.3.1　在环境分析中的应用

微波协助萃取用于环境样品预处理的研究最多，主要是萃取分离水、土壤以及沉积物中的污染物。Vazquez 等人用微波萃取海洋沉积物中的多环芳烃，在优化条件下，多环芳烃的回收率为 92%～106%；Carro 等人萃取了污泥中的有机氯农药；Stout 等人萃取了土壤中的咪唑啉杀虫剂；李娟等人萃取了环境空气总悬浮颗粒物中的 16 种多环芳烃和土壤中的有机氯农药。

#### 4.5.3.2　在化工分析中的应用

在化工分析领域，微波协助萃取技术主要用于对聚合物及其添加剂进行过程监控和质量控制。Costley 等人从聚对苯二酸-乙二醇薄膜中萃取分离出低聚物；Neilson 等人用微波萃取并测定了聚烯烃添加剂。

#### 4.5.3.3　在食品及生化分析中的应用

对食品中的微量组分进行分离检测也是微波协助萃取的重要应用。Wieteska 等人用微波萃取了蔬菜中的痕量金属；Akhiar 等人用微波萃取法对熟肉中的盐霉素进行分离检测；Hummert 等人萃取并测定了海洋哺乳动物脂肪组织中的有机氯化合物；郑孝华等人用微波协助萃取了蔬菜、水果中的多种拟除虫菊酯；李攻科等人用微波协助萃取测定了血清中的胆固醇。

#### 4.5.3.4　在天然产物提取中的应用

由于具有提取速度快、产品质量高等优点，微波协助萃取已经成为天然产物中有效成分分离提取的有效技术，表现出良好的发展前景和巨大的应用潜力。聂金媛等人用微波萃取提取了茯苓中的茯苓多糖；杨利青等人用微波协助萃取了地锦草中的总黄酮；范志刚等人用微波萃取了麻黄中的麻黄碱；赵华等人用微波协助提取了洋葱精油；Pare 等人用微波协助从新鲜薄荷叶中提取了薄荷精油；Greenway 等人用微波协助对蔬菜中的吡咯双烷基生物碱、粮食和牛奶中的维生素 B 进行了提取。

微波协助萃取技术在国内外的发展非常迅速，我国已把微波协助提取法列为 21 世纪食品加工和中药制药现代化推广技术之一。随着人们认识的不断提高，微波萃取的应用领域会越来越广，微波萃取将向自动化，与分析仪器的在线联用等方向发展，并逐渐应用于工业化生产。

## 4.6　固相萃取

固相萃取是由液固萃取和液相色谱技术相结合发展起来的一种样品前处理新技术，通过选择性吸附和选择性洗脱实现对样品的分离、富集和纯化。1962 年，Anton 等人首次对该技术进行了研究，用吸附剂氧化铝净化样品；1978 年第一次出现固相萃取商品柱。

固相萃取是一个包括液相和固相的物理萃取过程，可分为吸附和洗脱两个阶段。在吸附阶段，由于固相吸附剂对目标分析物的吸附力大于对样品基液的吸附力，当样品通过固相柱时，目标分析物被选择性地吸附在固体填料表面，其他部分样品组分和样品基液则通过柱子。目标分析物可用适当的洗脱剂洗脱，洗脱阶段，固相吸附剂对洗脱液的作用力大于对目标分析物的作用力，因此，富集组分被选择性地洗脱下来，最终得到目标分析物。

按照操作方式的不同，固相萃取可以分成离线萃取和在线萃取。离线方式中，固相萃取与分析是独立进行的，固相萃取仅为后续的分析制备合适的试样。在线萃取又称为在线净化和富集技术，主要用于高效液相色谱分析，通过阀切换将固相萃取处理试样与分析有机地连接在一个系统中。在线萃取技术已经成为固相萃取技术的主要发展方向。

固相萃取技术克服了传统液液萃取富集技术难以处理大体积样品及萃取过程中易乳化等缺点，具有高选择性、高可靠性、高效性、高自动化、低耗性以及污染小等特点，目前已被广泛应用于环境分析、制药工业、医药卫生、食品科学、生物化学等领域，呈现出良好的发展前景。

## 4.7　溶剂微胶囊萃取

溶剂微胶囊萃取是在20世纪90年代迅速发展起来的一种萃取新技术。该技术将微胶囊技术与萃取技术有机结合，即在微胶囊形成的过程中将用于萃取的溶剂包覆于微胶囊的空腔内。溶剂微胶囊具有萃淋树脂的优点，避免了乳化和分相问题，在萃取剂包覆量和防止萃取剂流失方面具有明显的优势。

溶剂微胶囊的制备方法很多，具体制备过程一般包括溶剂分散和溶剂包覆两大步骤。溶剂分散的方式主要有搅拌、超声和膜分散等。根据微胶囊壁材形成机理的不同，包覆步骤可分为相分离法、物理机械法和聚合反应法。目前，溶剂微胶囊的制备主要采用后两种方法。

溶剂微胶囊一方面具有溶剂萃取选择性好、容量大的性质，另一方面又可解决液液萃取对两相物性要求较高的问题，分离能力强、操作简便、相分离效果好。因此，溶剂微胶囊萃取在金属离子分离、有机酸萃取、药物分析等方面均体现出优良的性能。溶剂微胶囊中萃取剂含量高，选择性好，相分离容易。萃取设备结构简单，操作过程简单易控制。溶剂在微胶囊中的稳定性强，可有效减少分离过程中的溶剂损失及夹带剂问题，从而使溶剂微胶囊在生物、材料、制药以及环境等方面得到了一定的应用。

但是，由于溶剂微胶囊萃取的研究时间不长，许多研究工作有待于完善，如其应用领域和萃取对象还有待于进一步拓宽。

# 第5章 离子交换分离法

离子交换分离法是利用离子交换剂与溶液中的离子之间发生交换反应而使离子分离的方法，是一种固-液分离法。各种离子与离子交换剂的交换能力不同，被交换到离子交换剂上的离子可选用适当的洗脱剂依次洗脱，从而达到分离的目的。

离子交换现象早在1850年就被英国化学家H. S. Tompson和J. T. Way所发现，他们用硫酸铵或碳酸铵处理土壤时，铵离子被吸收而析出钙。1860年，Harms用天然硅铝酸盐合成交换剂，用于处理甜菜。1934年，德国人发明了磺化煤，用于去除水溶液中的钙镁离子。1935年，B. A. Adams和E. L. Holems合成了高分子材料聚酚醛型强酸性阳离子交换树脂和聚苯胺醛型弱碱性阴离子交换树脂，这是离子交换分离技术最重要的里程碑。第二次世界大战期间，德国大量合成离子交换树脂，并将其用于水处理。二战后，英国、美国、前苏联、日本等国也大力发展离子交换技术。1954年，G. F. D′Alelio合成了聚苯乙烯型阳离子交换树脂，后来又合成了性能良好的聚苯乙烯型和聚丙烯酸型离子交换树脂，使离子交换逐步发展成为低能耗、高效率的分离技术。20世纪60年代之后，离子交换树脂的合成与离子交换分离技术取得了飞速的发展。R. Kunin等合成了一系列具有多孔结构兼具离子交换和吸附功能的大孔离子交换树脂，并很快在美国和法国投入生产。同时各种载体和功能化的离子交换树脂也不断出现。1975年H. Small等人将经典的离子交换色谱与高效液相色谱技术相结合，创立了现代离子色谱法。

离子交换分离法的选择性高，可通过选用不同的离子交换剂和操作条件来达到对不同离子的选择性分离；分离效果好，适用范围广，不仅可以用于带相同、相反电荷或性质相近的离子之间的分离，还可用于微量组分的富集；交换容量大，操作简单，成本低，是常用的分离和提纯方法。

# 5.1 离子交换树脂

在离子交换分离法中能与溶液中的阳离子或阴离子进行交换的是离子交换剂。离子交换剂分成无机离子交换剂和有机离子交换剂两大类。无机离子交换剂又包括天然的离子交换剂和合成的离子交换剂,天然的离子交换剂如黏土、沸石类矿物等,合成的离子交换剂如合成沸石、分子筛、水合金属氧化物、多价金属酸性盐类、杂多酸盐等。

有机离子交换剂是人工合成的带有离子交换官能团的高分子聚合物,其中应用最广泛的是离子交换树脂。这里主要介绍离子交换树脂的结构、分类和性质。

## 5.1.1 离子交换树脂的结构

离子交换树脂是带有活性基团的网状高分子聚合物,一般是球形颗粒。树脂中活性基团的种类决定了树脂的主要性质和类别。

离子交换树脂是由呈网状结构的骨架部分和活性基团组成的。如聚苯乙烯磺酸基型阳离子交换树脂是由苯乙烯和二乙烯苯聚合后再经过磺化制得的聚合物。碳链和苯环组成了树脂的网状骨架结构,其上的磺酸基是活性基团。二乙烯苯在聚苯乙烯磺酸基型阳离子交换树脂中起到“交联”作用,因此被称为交联剂。磺酸根固定在树脂的骨架上,是固定离子。磺酸基上的 $H^+$ 可与溶液中的阳离子进行交换,$H^+$ 是可交换离子。

## 5.1.2 离子交换树脂的分类

按照可交换基团的不同,离子交换树脂可分为阳离子交换树脂、阴离子交换树脂、螯合树脂以及氧化还原树脂等。

### 5.1.2.1 阳离子交换树脂

阳离子交换树脂的交换基团是酸性基团,它的 $H^+$ 可交换溶液中的阳离子。根据交换基团酸性的强弱，又分成强酸性和弱酸性的阳离子交换树脂。

强酸性阳离子交换树脂中含有大量的强酸性基团如磺酸基—$SO_3H$，在水溶液中容易离解出 $H^+$，呈现强酸性。强酸性阳离子交换树脂的离解能力很强，在酸性或碱性溶液中均能离解和产生离子交换作用。弱酸性阳离子交换树脂中含有弱酸性基团如羧基(—COOH)、酚羟基(—OH)，在水溶液中能离解出 $H^+$，呈现酸性。但是，这种树脂的酸性较弱，即离解性较弱，在低 pH 下很难离解和进行离子交换，只能在碱性、中性或微酸性溶液中(pH 在5～14 范围内)起交换作用。

#### 5.1.2.2　阴离子交换树脂

阴离子交换树脂的交换基团是碱性基团，能交换溶液中的阴离子。根据交换基团碱性的强弱，又分成强碱性和弱碱性的阳离子交换树脂。

强碱性阴离子交换树脂中含有强碱性基团，如季胺基—$NR_3OH$，能在水溶液中离解出 $OH^-$，呈现强碱性。强碱性阴离子交换树脂的离解性很强，离子交换作用不受溶液 pH 的影响。弱碱性阴离子交换树脂中含有弱碱性基团，如伯胺基(—$NH_2$)、仲胺基(—NHR)或叔胺基(—$NR_2$)，在水溶液中能离解出 $OH^-$，呈现弱碱性。这类树脂只能在中性或酸性条件下(pH 在 1～9 范围内)起交换作用。

#### 5.1.2.3　螯合树脂

螯合树脂是含有特殊螯合基团的树脂。因树脂上的功能原子(如 O、N、S、P 等)与金属离子发生络合反应而使螯合树脂选择性吸附金属离子。与阴、阳离子交换树脂相比较，螯合树脂与金属离子的结合力更强，选择性更高。按照结构的不同，螯合树脂可分为侧链型和主链型两类；按照原料的不同，螯合树脂可分为天然和人工合成两类。常用的螯合树脂有胺基羧酸类、肟类、聚乙烯基吡啶类以及 8-羟基喹啉类等。

#### 5.1.2.4　氧化还原树脂

氧化还原树脂是含有氧化还原功能基团的树脂。这类树脂中含有某些活性基团，如羟基(—OH)、巯基(—SH)、醛基(—CHO)等，能与其他物质进行电子交换发生氧化还原反应，也称为电子交换树脂。常用的氧化还原树脂如聚乙烯氢醌树脂。

### 5.1.3 离子交换树脂的性质

离子交换树脂的性质，主要由网状骨架和活性基团的性质决定。这里主要介绍离子交换树脂的交换容量、交联度以及溶胀性。

#### 5.1.3.1 交换容量

交换容量反映离子交换树脂与溶液中离子进行交换的能力，表示树脂中含有可交换离子量的多少，是衡量树脂质量的重要指标。交换容量通常用每克干树脂或每毫升溶胀后的树脂所能交换离子的物质的量来表示，单位为 $mmol \cdot g^{-1}$ 或 $mmol \cdot mL^{-1}$。交换容量的大小主要取决于树脂中活性基团的数目。交换容量用实验方法测得，一般树脂的交换容量为 3～6 $mmol \cdot g^{-1}$，如 $R—SO_3H$ 型阳离子交换树脂的交换容量为 5.2 $mmol \cdot g^{-1}$。

#### 5.1.3.2 交联度

交联度是指树脂的交联程度，是离子交换树脂的重要性质之一，通常用树脂中交联剂所占的质量分数来表示。交联度与离子交换树脂的一些基本性能密切相关，一般规律是：交联度大，机械强度好，网眼小，溶胀性差，交换速度慢，选择性高；反之，交联度小，机械强度差，网眼大，溶胀性好，交换速度快，选择性低。一般分析用树脂的交联度以 4%～14%的范围为宜，用“X-”表示，如“X-10”表示树脂的交联度为 10%。

#### 5.1.3.3 溶胀性

离子交换树脂是亲水性高分子化合物，当将干树脂浸入水溶液中时，其体积往往会变大，这种现象称为溶胀。影响树脂溶胀性的因素主要有以下几种：① 交联度，高交联度树脂的溶胀性较低。② 交换容量，高交换容量树脂的溶胀性较强。③ 活性基团，易电离活性基团的溶胀性较强。④ 可交换离子的性质，可交换的水合离子半径大的树脂，其溶胀性较强。⑤ 溶液的浓度，在电解质浓度高的溶液中树脂的溶胀性较低。⑥ 溶剂的极性，非极性溶剂中树脂的溶胀性较强。

# 5.2　离子交换原理

## 5.2.1　唐南理论

离子交换过程一般用唐南理论即膜平衡于理论进行解释。唐南理论把离子交换树脂看作是一种具有弹性的凝胶，可以吸收水分而溶胀，溶胀后的离子交换树脂内部可以看做是一滴浓的电解质溶液。树脂颗粒和外部溶液之间的界面可以看做是一种半透膜，膜的一侧是树脂相，另一侧是外部溶液，树脂内部活性基团上电离出来的离子和外部溶液中带有同种电荷的离子可以通过半透膜往来扩散进行交换，而树脂网状结构骨架上的固定离子不能通过半透膜进行扩散。

对于阳离子交换树脂，其活性基团上电离出来的阳离子可以和外部溶液中的阳离子进行交换。由于阳离子交换树脂内部存在较多的是带负电荷的固定离子，因而外部溶液中的阴离子不能进入树脂相内部进行交换，这种现象称为唐南排斥。即阳离子可以进入阳离子交换树脂中进行交换，阴离子则不能；阴离子可以进入阴离子交换树脂中进行交换，而阳离子不能，这就是唐南原则。

## 5.2.2　选择系数

当把某阳离子交换树脂 $R—A^+$ 浸入含有 $B^+$ 的溶液中，溶液中的 $B^+$ 就会与树脂相中的 $A^+$ 发生交换作用，即

$$R—A^+ + B^+ \rightleftharpoons R—B^+ + A^+$$

交换反应进行的程度可用平衡常数 $K_A^B$ 表示：

$$K_A^B = \frac{[B^+]_r [A^+]_s}{[A^+]_r [B^+]_s}$$

式中，$[A^+]_r$、$[B^+]_r$ 分别表示平衡时 $A^+$、$B^+$ 在树脂相中的浓度，$[A^+]_s$、$[B^+]_s$ 分别表示平衡时 $A^+$、$B^+$ 在水相中的浓度。平衡常数 $K_A^B$ 表示交换反应

达到平衡时 $A^+$、$B^+$ 在树脂相和水相间的分配情况。若 $K_A^B>1$，表示 $B^+$ 较牢固地结合在树脂相；若 $K_A^B<1$，则表示 $A^+$ 较牢固地结合在树脂相。$K_A^B$ 的数值大小说明了树脂对 $A^+$、$B^+$ 两种离子的选择性，因此又称为选择系数。不同的离子在同一种离子交换树脂上的选择系数不同，表明树脂对各种离子的交换亲和力不同。

### 5.2.3 离子交换亲和力

离子在离子交换树脂上的交换能力称为离子交换树脂对离子的亲和力。树脂对离子的亲和力大小决定了树脂对离子的交换能力大小。亲和力的大小与离子所带电荷、水合离子半径及离子极化程度有关。一般来说，离子所带的电荷越高，水合离子半径越小，离子极化程度越大，其亲和力越大。稀土元素的亲和力随着原子序数的增加而减小。

强酸性阳离子交换树脂对常见阳离子的亲和力顺序如下：

$Na^+ < Ca^{2+} < Al^{3+} < Th^{4+}$

$Li^+ < H^+ < Na^+ < NH_4^+ < K^+ < Rb^+ < Cs^+ < Tl^+ < Ag^+$

$Mg^{2+} < Zn^{2+} < Co^{2+} < Cu^{2+} < Cd^{2+} < Ni^{2+} < Ca^{2+} < Sr^{2+} < Pb^{2+} < Ba^{2+}$

强碱型阴离子交换树脂对常见阴离子的亲和力顺序如下：

$F^- < OH^- < CH_3COO^- < HCOO^- < Cl^- < NO_2^- < CN^- < Br^- < C_2O_4^{2-} < NO_3^- < HSO_4^- < I^- < CrO_4^{2-} < SO_4^{2-} <$ 柠檬酸根

## 5.3 离子交换树脂的选择及预处理

应根据待分离物质的性质及分离要求选择适当类型和粒度的离子交换树脂。市售的树脂在使用前还应进行预处理。

### 5.3.1 离子交换树脂的选择

在选择离子交换树脂时最重要的是考虑树脂本身的酸碱性。强酸性、强碱性的树脂可以在酸性、碱性及中性环境中使用；弱酸性树脂适宜在碱性环境中使用；弱碱性树脂适宜在酸性环境中使用。离子交换中应用较多的是聚苯乙烯型强酸性阳离子交换树脂和强碱性阴离子交换树脂。

树脂颗粒的大小对离子交换过程的速度影响较大，必须选择一定粒度的树脂。一般地，在制备分离中使用 50～100 目的树脂；在分析分离中使用 80～100 目的树脂；在离子交换色谱柱中使用 100～200 目的树脂。目数越大的树脂，对其粒度均匀性的要求也越高。

树脂交联度的大小与离子交换密切相关，不仅影响离子交换的选择性，也影响交换过程的速度。一般地，阳离子交换树脂的交联度选用 8%，阴离子交换树脂的交联度选用 4%。

### 5.3.2　离子交换树脂的预处理

市售的树脂粒度大小可能不符合要求，也可能含有杂质，因此在使用前要对其进行预处理，包括研磨、过筛、浸泡及转型等过程。

市售的离子交换树脂常常是潮湿的，应先将其放在阴处晾干。晾干后的树脂再进行研磨、过筛，获得所需粒度的树脂。之后，将树脂放入 4～6 $mol \cdot L^{-1}$的盐酸中浸泡 1～2 天，让干树脂充分溶胀，除去树脂内部的杂质，再用去离子水洗至中性。这样得到的阳离子交换树脂是氢离子型，阴离子交换树脂是氯离子型。还可以根据需要对树脂进一步转型，例如用氯化铵处理阳离子交换树脂，可得到铵型阳离子交换树脂；用硫酸处理阴离子交换树脂，可得到硫酸根型阴离子交换树脂。处理后的树脂用去离子水洗净，再浸在去离子水中备用。

## 5.4　离子交换过程的设备与操作

### 5.4.1　离子交换设备的分类

根据离子交换的操作方式不同，可分为静态和动态交换设备两大类。

静态设备是一个带有搅拌器的反应罐，反应罐仅作为静态交换用，交换后利用沉降、过滤或水力旋风将树脂分离，然后装入解吸罐或解吸柱中洗涤和解吸。由于静态交换操作简单，对设备要求低，但交换不完全，不适宜作多种成分的分离。静态设备目前在生产中应用较少。

生产中应用较多的是动态交换设备，交换完全，适用于多组分的分离。动态设备又分成间歇式操作的固定床和连续式操作的流动床两类，其中固定床是目前应用最多的离子交换设备。固定床有单床、多床、复床及混合床之分；又有正吸附和反吸附之分，流动床也有单床和多床。

### 5.4.2　离子交换设备的结构

一般的离子交换罐是具有椭圆形顶及底的圆筒形设备。罐的高径比一般为2～3，最大为5。树脂层高度约占圆筒高度的50%～70%，上部留有充足的空间以备反冲时树脂层的膨胀。罐的上部设有溶液分布装置，使溶液、解吸液及再生剂均匀通过树脂层。罐的底部装有多孔板、筛网及滤布以支持树脂层。交换罐多用钢板制成，内衬橡胶，以防酸碱腐蚀。小型交换罐可用硬聚氯乙烯或有机玻璃制成。

在反吸附离子交换罐中，被交换的溶液由罐的下部以一定流速导入，使树脂在罐内呈沸腾状态，交换后的废液则由罐顶的出口溢出。为了减少树脂从上部溢出口溢出，可设计成上部成扩口形的交换罐。

固定床离子交换设备用多孔陶土板、粗粒无烟煤、石英砂等作为树脂支撑体。被处理的溶液从树脂上方加入，经过分布管使液体均匀分布在整个载体的横截面上。加料方式分为重力式和压力式两种。

如果将阴、阳两种离子交换树脂混合起来，则可制成混合床离子交换设备。混合床可避免采用单床时溶液变酸或变碱的现象，脱盐较为完全。

在流动床离子交换设备中，再生后的树脂由柱顶以一定流速加入，与柱底进入的溶液逆流接触，饱和树脂由柱底流出，交换后的废液则由柱顶流出。流动床交换速度快，可连续化生产，便于自动控制，得到的产品质量均匀。但操作过程中对树脂的破坏大，设备及操作较复杂，不易控制。流动床也分成压力式和重力式两种类型。

### 5.4.3　离子交换分离的操作

离子交换一般在离子交换柱上进行，包括装柱、交换、洗涤、洗脱等过程。

装柱是将溶胀后的离子交换树脂填充到交换柱中的过程。装柱要均匀，柱内要有一定高度的水面，树脂与水混合后倒入柱中，借助于水的浮力使树脂自然沉降形成树脂层。操作时尽可能均匀连续，以防止树脂层中混入气泡，影响分离效果，如有气泡，应重新装柱。注意应使柱中液面始终保持在树脂层之上。

装柱完成后即可进行离子交换。将待分离的溶液倒入交换柱中，转动活塞使溶液按照适当的流速流经树脂层，溶液中的离子与树脂相中的离子发生交换反应。在这个过程中，速度控制非常重要。

为了将残留在交换柱上不发生交换作用的离子除去，在交换反应完成后，要用洗涤液进行洗涤。洗涤液一般用水，为了避免某些离子水解析出沉淀影响分离，也可选用适当的稀酸溶液作为洗涤液。

洗脱就是用洗脱剂将被交换到树脂中的离子置换下来的过程，是交换的逆过程。阳离子交换树脂常用盐酸作为洗脱液，其浓度一般为 $3\sim4\ mol \cdot L^{-1}$；阴离子交换树脂常用盐酸、氯化钠、氢氧化钠作为洗脱液。洗脱液还应根据交换离子的性质和后续的测定步骤选择。

通过洗脱过程，大多数情况下树脂已经得到再生，即树脂恢复到交换前的形式，再用去离子水洗涤后即可重复使用。

## 5.5　离子交换分离法的应用

离子交换分离法是常用的分离和提纯方法，因其具有操作方便和优异的分离选择性等特点，被广泛应用于水处理、湿法冶金以及生化提取等领域。

## 5.5.1　水处理

资料统计显示，有70%以上的离子交换树脂被用于水处理。水处理包括水的软化、脱盐、高纯水或超纯水的制备、工业废水的处理等。

水中含有多种金属离子，其中$Ca^{2+}$、$Mg^{2+}$的总浓度称为水的硬度。在生产和生活中，水的硬度过大会带来很多麻烦，例如，使用锅炉产生锅垢，人们长期饮用高硬度的水会引发一些病变等。水的软化是使硬水通过$Na^{+}$型阳离子交换树脂，水中的$Ca^{2+}$、$Mg^{2+}$与树脂上的$Na^{+}$发生离子交换被留在树脂上，$Na^{+}$进入水中，使硬度降低。可用8%～10%的食盐水处理树脂使其再生。

普通水中含有100～300 $mg \cdot kg^{-1}$的无机盐，可以作为家庭用水，但作为工业用水如无线电工业中微型或精细零部件的洗涤用水、高压锅炉用水等就不能满足要求。水的脱盐是将含盐水先通过$H^{+}$型强酸性阳离子交换树脂除去阳离子，再通过$OH^{-}$型强碱性阴离子交换树脂除去阴离子。这样即可脱除水中的大部分离子。脱盐后的离子交换树脂可分别用酸、碱再生。

一些特殊行业对水质的要求更高，如在医药上要求适应杂质含量在$10^{-6}$以下，且无细菌、热源和还原性物质的水，在一些精细制造业中要求杂质含量在0.1 $mg \cdot kg^{-1}$以下的水，常用离子交换法与其他方法（如膜分离技术）相结合来制备。

利用离子交换法可以有效处理无机废水、有机废水及放射性废水，结合其他方法使处理后的水不仅达到排放标准，还可满足再利用要求。

## 5.5.2　湿法冶金

离子交换树脂不仅能在稀溶液中通过离子交换反应吸附富集金属离子，而且对混合金属离子具有不同的离子交换选择性，因此，离子交换法特别适用于从低品位、尾矿的浸液或矿浆中提取分离金属，同时在分离性能相近的金属方面起着至关重要的作用。利用离子交换技术进行湿法冶金，可从矿石浸取液中分离、提纯、回收的金属元素高达70多种，如核燃料铀的提取纯化、单一稀土元素的分离、金银铂钯等贵金属的提取分离等。

### 5.5.3　生化提取

离子交换树脂可用于抗生素、有机酸、生物碱、氨基酸、核苷酸等生物分子的提取和分离，利用离子交换法可以对发酵产物及天然生物物质进行提取和精制。如将抗生素从其发酵液中提取分离出来；从淀粉或糖蜜的发酵液中提取谷氨酸；制糖工业中稀糖汁的纯化；制药工业中从头发、废羊毛、猪血等蛋白质原料的水解液中提取药用氨基酸等。

# 第6章　色谱分离法

## 6.1　概　　述

1906年俄国植物化学家茨维特(Tswett)首次提出"色谱法"(Chromatography)的概念。他在论文中写到:"植物色素的石油醚溶液从一根主要装有碳酸钙吸附剂的玻璃管上端加入,沿管滤下,后用纯石油醚淋洗,结果按照不同色素的吸附顺序在管内观察到它们相应的色带,就像光谱一样,因此将其称之为色谱图。"1930年以后,相继出现了纸色谱、离子交换色谱和薄层色谱等液相色谱技术。1952年,英国学者Martin和Synge提出了关于气-液分配色谱的比较完整的理论和方法,把色谱技术向前推进了一大步,这是气相色谱在此后的十多年间发展十分迅速的原因。1960年中后期,气相色谱理论和实践的发展,以及机械、光学、电子等技术上的进步,液相色谱又开始活跃。到60年代末期,把高压泵和化学键合固定相用于液相色谱就出现了高效液相色谱(HPLC)。70年代中期以后,微处理机技术用于液相色谱,进一步提高了仪器的自动化水平和分析精度。1990年以后,生物工程和生命科学在国际和国内的迅速发展,为高效液相色谱技术提出了更多、更新的分离、纯化、制备的课题,如人类基因组计划,蛋白质组学有HPLC做预分离等。

色谱法的基本原理是使混合物中各组分在两相间进行分配,其中一相是不动的,称为固定相;另一相是推动混合物流过固定相的液体(或气体),称为流动相。当流动相携带混合物经过固定相时,即与固定相发生相互作用。由于各组分的结构性质(溶解度、极性、蒸气压、吸附能力)不同,这种相互作用便有强弱的差异(也就是组分不同分配系数不同)。因此在同一推动力作用下不同组分在固定相中的滞留时间有长有短。从而按不同的次序从装填有固定相的柱中流出。这种借助在两相间分配系数的差异而使混合物中各组分获得分离的技术称为色谱技术。

随着色谱检测技术的发展,色谱法已不仅是一种分离技术,也是一种分析方法。在色谱流程中,利用物质的物理和化学性质(例如光学性质、电学性质、热学性质、化学显色反应或微量自动酸碱滴定等),设计各种检测装置,对分离组分进行连续检测,同时实现分离和分析,因此称为色谱分析。

近30年来,随着色谱理论的逐步完善,各种色谱方法的相继出现,色谱分析在化学、生物学、医学及相邻学科领域得到广泛应用,特别是分离分析各种复杂的混合物。到目前为止没有哪一种分离技术能比色谱分析更有效,更普遍适用。在工业上,色谱法是自动分析和自动控制的重要技术。它还是研究物质物理性质和化学反应机理的有效手段。因此,色谱法是现代分析化学中发展最快、应用最广、潜力最大的方法之一,是每一个分析化学工作者必须熟悉和掌握的技术。

## 6.2　色谱过程及其分类

### 6.2.1　色谱过程

无论是气相色谱、高效液相色谱还是其他色谱方法,它们的共同点是:色谱分离体系均有两个相——固定相和流动相。固定相装在柱子内固定不动,流动相载着样品溶质对固定相做相对运动,通过柱子。被分离的组分(称为流质)与固定相、流动相的作用力不同(这个作用力有分子间的作用力或离子间的作用力),因而它们在色谱柱内的移动速度不同。到了色谱柱的末端,组分就被分开。

不同组分在通过色谱柱时移动速度不同。流动相携带样品进入色谱柱内并以一定速度通过固定相,由于各组分与固定相、流动相相互作用力的差别,在固定相中溶解或吸附力大的,即分配系数大的组分迁移速度慢;在固定相中溶解或吸附力小，即分配系数小的组分，迁移速度快。组分通过色谱柱的速度，取决于流动相与固定相的性质、色谱柱温度等影响因素。

## 6.2.2　色谱法分类

色谱法的名称很多。即使同一种色谱法，也可以有不同的名称，所以有必要熟悉一下它的基本分类方法。

### 6.2.2.1　按两相的状态分类

色谱法分离涉及两个相，即固定相和流动相。流动相的物态可以是气体，也可以是液体和超临界状态流体；固定相的物态可以是固体，也可以是液体。这样按两相的物理状态，可以把色谱法分为下列几种主要类型：

① 气相色谱{气-固色谱(GSC)；气-液色谱(GLC)}。

② 液相色谱{液-固色谱(LSC)；液-液色谱(LLC)}。

③ 超临界流体色谱。

在超临界流体色谱中。流动相不是一般的气体或液体，而是临界点（临界压力和临界温度）以及高度压缩的气体，其密度比一般气体大得多，与液体相似，又称为高密度气相色谱法或高压气相色谱法。至今研究较多的是 $CO_2$ 超临界流体色谱，这种色谱方法能分析气相色谱法不能或难于分析的许多沸点高、热稳定性差的物质，比液相色谱更容易获得高的柱效率。

### 6.2.2.2　按固定相的形态分类

(1) 柱色谱

柱色谱是固定相装入色谱柱（玻璃管或金属管）内。柱色谱又分为填充柱色谱和开管柱色谱（毛细管柱色谱）。前者把固定相均匀填充在管内，后者把固定相附着在管壁。

(2) 平板色谱

平板色谱的固定相呈平板状，包括纸色谱和薄层色谱。纸色谱是用滤纸作固定相或载体，把试样液体滴在滤纸上，用溶剂将它展开。根据其在纸上有色斑点的位置与大小，进行定性鉴定与定量测定。薄层色谱，是将吸附剂涂布在玻璃板上或压成薄膜,然后用与纸色谱相类似的方法进行操作。

#### 6.2.2.3 按分离原理分类

(1) 吸附色谱法

若固定相为吸附剂,试样是根据固定相对组分吸附强弱的差异来进行分离的,称为吸附色谱法。如气-固吸附色谱法、液-固吸附色谱法均属此类。

(2) 分配色谱法

分配色谱法中固定相是液体,试样是根据样品中的各组分在固定相中溶解能力和在两相间分配系数的差异来进行分离的。如气-液分配色谱,液-液分配色谱。在液-液分配色谱中,根据流动相和固定相相对极性的不同,又分为正相分配色谱和反相分配色谱。一般来说以强极性、亲水性物质或溶液为固定相,非极性、弱极性或亲脂物质为流动相的色谱称为正相分配色谱,简称正相色谱。反之,弱极性、亲脂性物质为固定相,极性、亲水性物质或水溶液为流动相的色谱则称为反相分配色谱,简称反相色谱。

(3) 离子交换色谱法

固定相是一种离子交换试剂,试样是根据固定相对各组分离子的交换能力差异来进行分离的方法,称之为离子交换色谱法。

(4) 排阻色谱法

固定相是一种分子筛或凝胶,其分离机理是根据各组分的分子体积大小的差异而进行分离的方法,称之为排阻色谱或凝胶色谱。

此外,还有离子对色谱、络合色谱、亲和色谱。尽管它们的分离原理不尽相同,但都是利用组分在两相间分配系数的不同而分离的。

## 6.3 区带迁移

样品在色谱体系或柱内运行有两个基本特点:一是混合物中的不同组分在柱内的差速迁移;二是同种组分的分子在色谱体系迁移过程中分子分布离散。

差速迁移是指不同组分通过色谱系统时移动速度不同。样品加入由流动相和固定相组成的色谱体系，流动相以一定速度通过固定相，使样品中各组分在两相间进行连续多次的分配。由于组分与固定相和流动相作用力的差别，在两相中分配系数不同使得样品各组分同时进入色谱柱，而以不同速度在色谱柱内迁移，导致各组分分离。组分通过色谱柱的速度，取决于各组分在色谱体系中的平衡分布。

色谱过程的分子离散是指同一化合物分子沿色谱柱迁移过程中发生分子分布扩展或分子离散的现象。同一组分的分子在色谱柱入口处分布在一个狭窄的区带内，随着分子在色谱柱内迁移，分布区带不断展宽，同种组分分子的迁移速度不同，这种差别不是由于平衡分布不同，而是来源于流体分子运动的速率差异。

## 6.4　色谱保留值

保留值是色谱的定性参数。

(1) 保留时间($t_R$)

从进样开始到某个组分的色谱峰顶点的时间间隔称为该组分的保留时间，即从进样到柱后某组分出现浓度极大时的时间间隔。图 6-1 中 $t_{R1}$及 $t_{R2}$

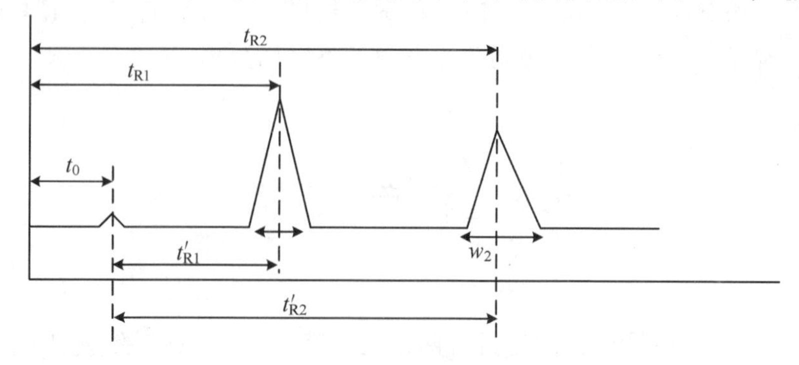


图 6-1　流出曲线(色谱图)

分别为组分 1 及组分 2 的保留时间。

(2) 死时间($t_0$)

分配系数为零的组分的保留时间称为死时间。通常把空气或甲烷视为此种组分,用来测定死时间。

(3) 调整保留时间($t_{R'}$)

某组分由于溶解(或被吸附)于固定相,比不溶解(或不被吸附)的组分在柱中多停留的时间称为调整保留时间。调整保留时间与保留时间和死时间有如下关系:

$$t_{R'} = t_R - t_0 \tag{6-1}$$

在实验条件(温度、固定相等)一定时,调整保留时间仅决定于组分的性质,因此调整保留时间是定性的基本参数。

(4) 保留体积($V_R$)

从进样开始到某个组分在柱后出现浓度极大时,所需通过色谱柱的流动相体积称为该组分的保留体积。对于正常峰,该组分的 1/2 量被带出色谱柱时所消耗的流动相体积为保留体积。保留体积与保留时间和流动相流速($F_c$, mL/min)有如下关系:

$$V_R = t_R \times F_c \tag{6-2}$$

(5) 死体积($V_0$)

由进样器至检测器的流路中未被固定相占有的空间称为死体积。死体积是进样器至色谱柱间导管的容积、色谱柱中固定相颗粒间间隙、柱出口导管及检测器内腔容积的总和。死体积与死时间和流动相流速有如下关系:

$$V_0 = t_0 \times F_c \tag{6-3}$$

死体积大,色谱峰扩张(展宽),柱效降低。死体积反映了色谱柱的几何性质,它与被测物质的性质无关。

(6) 调整保留体积($V_{R'}$)

由保留体积扣除死体积后的体积称为调整保留体积。

$$V_{R'} = V_R — V_0 = t_{R'} \times F_c \tag{6-4}$$

流动相流速大,保留时间短,但两者的乘积不变,因此 $V_R$、$V_0$、$V_{R'}$ 与流动相流速无关。

## 6.5　谱带展宽

样品组分随流动相向前流动时，谱带的宽度会增加。有三种效应会使谱带展宽：即涡流扩散，分子扩散和物质传递。

### 6.5.1　涡流扩散效应

当组分随着流动相通过装有填料的柱时，组分分子的流动方向和流经的途径可能很不相同，使分子流动形成紊乱的类似涡流的流动。这种多流路效应造成色谱峰加宽，不利于分离。这是由于柱中填充物的大小不同、形状各异及填充的不均匀性，使各组分分子所经过的通道的直径和长度不同，所以阻力也不一样，致使它们在柱中停留的时间不等，结果使色谱峰变宽。其变宽的程度与填充物的形状、大小和填充的不均匀性有关。

### 6.5.2　分子扩散效应

分子扩散效应为组分分子沿着层析柱轴向扩散的效应。这种扩散是由于柱内分子在柱中存在着纵向浓度梯度而引起的，对谱带变宽起主要作用。组分在柱中的停留时间越长，在气相中的扩散系数越大，其分子扩散效应就越显著。组分在气相中的扩散系数与组分的性质、柱温、柱压以及载气的性质等有关。

提高载气流速可以减少组分在柱中停留的时间。使用颗粒度小而均匀的填料，可以使组分的扩散系数变小。选用适当的溶剂（在其中组分的扩散系数小）等都可降低由于组分分子扩散而造成的色谱峰加宽效应。

在液相色谱中，由于液体扩散系数较气体小 $10^4\sim10^5$ 倍，所以组分在液相中的分子扩散效应可以忽略不计。

### 6.5.3　物质传递效应

物质体系由于浓度不均匀而发生的质量迁移过程，称为物质传递，简称传质。当某一组分存在浓度梯度时，该组分就会由浓度高的一相转入浓度低的一相，直到达到平衡为止。

在色谱过程中的物质传递表现为任何时候总有一些分子从流动相进入到固定相中，而另一些分子则从固定相中脱离出来又回到流动相中。这就使得某些分子滞留在柱内的时间超过平均滞留时间，而另一些分子滞留在柱内的时间短于平均滞留时间。这种情况也会引起色谱峰展宽而不利于分离。其影响谱带展宽的程度，随流动相流速增加而变大。

样品以很窄的谱带形式进入色谱柱，当其离开色谱柱时，样品各组分色谱带会变宽，且变宽的幅度与其在色谱柱上的保留时间成正比，此现象称为谱带展宽。影响谱带展宽的其他因素有如下三点：

（1）非线性色谱

速率理论虽然比较全面地考虑了两相中的传质和扩散，但仍然假定分配等温线是线性的。事实上，经常遇到的是非线性等温线，特别是在吸附色谱中，因此造成色谱峰拖尾和前伸，使峰的宽度增加。

（2）活性中心的影响

在气-液色谱中，样品量很少时会发生色谱峰拖尾现象，在这种情况下，若增加样品量，峰的拖尾程度反而减少。这种现象是由于担体表面的活性中心对组分的吸附太强，导致这些组分迟迟得不到释放而造成拖尾，其解决办法是对担体表面进行处理，以除去表面活性中心。

（3）柱外效应

以上这些展宽因素发生在柱内。由于色谱柱以外的某些因素造成额外的谱带展宽，使柱的实际分离效率未能达到其固有的水平，这种现象称为柱外效应。柱外效应包括进样（进样系统和方式），系统连接管、检测器及其他因素引起的色谱峰展宽。

对于气相色谱，由于色谱柱体积占色谱系统总体积的比例很大，柱外效应一般较小。而高效液相色谱，由于色谱柱体积小，且形质在液相中扩散系数很低，柱外效应引起的谱带展宽成为不可忽略的因素。当使用细内径色谱柱时，柱外效应尤为显著。

## 6.6　分　离　度

组分的谱带在柱内迁移时，同时发生展宽。要让相邻组分获得良好的分离，必须选择合适的操作条件，使两组分的移动速率有足够的差别（也就是使两组分的保留值相差大一些）。同时，柱内和柱外的展宽尽量减少到最低限度，使色谱峰足够窄。能全面地反映两峰分离程度的参数称为分离度，分离度（$R$）定义为相邻两峰保留值之差与峰的平均底宽的比值。即

$$R=\frac{t_{R2}-t_{R1}}{\frac{1}{2}(W_{t1}+W_{t2})}=\frac{2(t_{R2}-t_{R1})}{W_{t1}+W_{t2}} \tag{6-5}$$

式中，$t_{R1}$、$t_{R2}$分别为第一组分、第二组分保留时间；$W_{t1}$、$W_{t2}$为其色谱峰底宽。

当$R=1$时，两相邻峰分离程度可达98%，基本分离；当$R=1.5$时，两峰分离程度可达99.7%，完全分离。

分离度方程阐述了分离度与色谱参数的具体关系。假定相邻两峰的宽度相等，就可推导出分离度与相对保留值、理论塔板数和分配比三个基本色谱参数之间的关系。反映它们之间关系的方程称为分离度方程（基本分离方程），即

$$R=\frac{\sqrt{N}}{4}\cdot\frac{\alpha-1}{\alpha}\cdot\frac{k}{1+k} \tag{6-6}$$

式中，$k$表示相邻两组分中的第二组分的分配比。从上述方程看到，分离度是物质相对保留值（$\alpha$）、分配比（$k$）和色谱柱效（$N$）的函数，$k$的大小取决于色谱系统与物质的热力学性质，$N$取决于色谱系统的动力学特性，因此，分离度方程研究的是色谱热力学与动力学的综合问题。

## 6.7　分 离 时 间

分离度方程全面地阐述了影响分离度的因素，但没有涉及分析时间（分离时间）这一重要变量。分析时间在实际工作中很重要，它大致等于最后一个组分离开柱的时间，其表示式为：

$$t_R = 16R^2 \left(\frac{\alpha}{\alpha - 1}\right)^2 \frac{(k+1)^3}{k^2} \frac{H}{\mu} \tag{6-7}$$

式中，$k$ 是容量因子，$H$ 是按最后一个组分求出的塔板高。由此可得出以下几点结论：

① 分离时间是分离度和分离条件的函数。分离度增加一倍，分离时间增加四倍。

② $\alpha$ 对分离时间 $t_R$ 的影响大，例如，$\alpha$ 从 1.05 增加到 1.10，分离时间大致降低四倍。

③ 要求分离时间 $t_R$ 达到最小值，必须使 $\frac{(k+1)^3}{k^2}$ 这一项保持最小。当 $k$ 在 1.5～3 之间时，$\frac{(k+1)^3}{k^2}$ 均很小，其最低值在 $k=2$，此时分析时间最短，单位时间获得分离度最大。

# 第 7 章　电泳分离法

电泳(Electrophoresis)是指带电荷的离子或分子在电场中移动的现象,大分子的蛋白质、多肽、病毒粒子甚至细胞或小分子的氨基酸、核苷等在电场中都可做定向泳动。电泳现象早在 150 多年以前就已经被发现了,但是直到 1937 年 Tiselius 成功地研制了界面电泳仪进行血清蛋白电泳,将血清蛋白分为白蛋白、$\alpha_1$-球蛋白、$\alpha_2$-球蛋白、β-球蛋白和 γ-球蛋白五种,随后,Wielamd 和 Kanig 等于 1948 年采用滤纸条作载体,成功地进行了纸上电泳。从那以后,电泳技术逐渐被人们所接受并予以重视,继而发展以滤纸、各种纤维素粉、淀粉凝胶、琼脂和琼脂糖凝胶、醋酸纤维素薄膜、聚丙烯酰胺凝胶等为载体,结合增染试剂大大提高和促进生物样品的着色与分辨能力。此外,电泳分离和免疫反应相结合,使分辨率不断朝着微量和超微量(1～0.001 ng)水平发展,从而使电泳技术获得迅速推广和应用。在此主要介绍常用电泳的一般原理及其分类。

## 7.1　电泳分离法原理

### 7.1.1　电泳的基本原理

电泳的本质是带电荷的粒子在电场的作用下发生移动,所以,粒子带静电荷是其在电场中发生移动的前提条件。微观粒子通过吸附或电离的方式而带一定静电荷,比如 $Fe(OH)_3$ 胶体可以通过吸附溶液中的阳离子而带一定量的正电荷,从而在电场中向电场的阴极移动;一些生物大分子,比如蛋白质、核酸、多糖等，大多都既含有阳离子又含有阴离子，从而被称为两性离子，当这些生物大分子处在溶液中时，它们所带的静电荷取决于介质的酸度即 $H^+$ 浓度或与其他大分子的相互作用情况，当溶液酸性较强时，这些两性离子往往会带上正电荷，从而在电场中向阴极移动。

如果把含有这些带静电荷的大分子颗粒溶液放在一个没有干扰的电场中时，使颗粒具有恒定迁移速率的驱动力 $F$ 来自于颗粒上的有效电荷 $Q$ 和电场强度 $E$，它们之间有以下关系：

$$F = QE$$

而当粒子运动时，又要受到溶液一定的阻力，如果粒子为球形时，这一阻力服从 Stokes 定律：

$$F' = 6\pi rv\eta$$

当粒子以稳态运动时，$F=F'$，即：

$$QE = 6\pi rv\eta \tag{7-1}$$

式中，$v$ 是颗粒的移动速度，$\eta$ 是介质粘度，$r$ 为粒子的半径。但在凝胶中，这种抗衡并不完全符合 Stokes 定律。$F$ 的大小取决于介质中的其他诸如凝胶厚度、颗粒大小等因素。

不同的带电颗粒在同一电场中的运动速度不同，其泳动速度用电泳迁移率 $m$ 来表示，定义为在单位电位梯度 $E(\mathrm{V\cdot cm^{-1}})$ 的影响下，颗粒在时间 $t(\mathrm{s})$ 中的迁移距离 $d(\mathrm{cm})$，即在单位电场强度($1\ \mathrm{V\cdot cm^{-1}}$)时的泳动速度：

$$m = \frac{v}{E} = \frac{d}{tE} \tag{7-2}$$

迁移率的不同提供了从混合物中分离物质的基础，迁移距离正比于迁移率。

将式(7-2)代入式(7-1)可以得到：

$$m = \frac{Q}{6\pi r\eta} \tag{7-3}$$

从式(7-3)中可以看出，在一定的电场中，不同颗粒的运动速度取决于其所带的电量、颗粒的大小及溶液的黏度等因素，但是，这只是个理论公式，在实际的应用过程中，待分离颗粒的移动速度受到的影响因素是非常多的。

## 7.1.2　影响电泳的因素

### 7.1.2.1　电泳介质的 pH

溶液的 pH 决定带电物质的解离程度，也决定物质所带净电荷的多少。对于蛋白质和氨基酸等两性电解质，pH 离等电点越远，粒子所带电荷越多，泳动速度越快；反之，越慢。因此，当分离某一种混合物时，应选择一种能扩大各种蛋白质所带电荷量差别的 pH，以利于各种蛋白质的有效分离。为了保证电泳过程中溶液的 pH 恒定，必须采用缓冲溶液。

### 7.1.2.2　缓冲液的离子强度

溶液的离子强度 $I$(Ion Intensity)是指溶液中各离子的摩尔浓度与离子价数平方积的总和的 1/2。

$$I = \frac{1}{2}\sum_{i=1}^{S} C_i Z_i^2 \tag{7-4}$$

式中，$S$ 表示溶液中共有 $S$ 种离子。

在电泳时，带电的粒子会吸引相反符号的离子聚集在其周围，形成一个与运动粒子相反的离子氛，它使得该粒子向相反的方向运动，从而降低了该粒子的迁移率。离子的这种阻碍效应是与其浓度和价数相关的。低离子强度时，迁移率快，但离子强度过低，缓冲液的缓冲容量小，不易维持 pH 恒定。高离子强度时，迁移率慢，但电泳谱带要比低离子强度时细窄。通常溶液的离子强度在 0.02～0.2 之间。

### 7.1.2.3　电场强度

电场强度(电势梯度，Electric Field Intensity)是指单位距离的电位降(电位差或电位梯度)。电场强度对电泳速度起着正比作用，电场强度越高，带电颗粒移动的速度越快。根据实验的需要，电泳可分为两种：一种是高压电泳，所用电压在 500～1 000 V 或更高。由于高压电泳电压高，电泳时间短(有的样品需数分钟)，适用于低分子化合物的分离，如氨基酸和无机离子等，包括部分聚焦电泳分离及序列电泳的分离等；而且高压电泳产热量大，必须装有冷却装置，否则热量可引起蛋白质等物质的变性而不能分离；还可能因发热引起缓冲液中水分蒸发过多，使支持物(滤纸、薄膜或凝胶等)上离子强度增加,以及引起虹吸现象(电泳槽内液被吸到支持物上)等,这些都会影响物质的分离。另一种为常压电泳,其产热量小,在10～25 ℃分离蛋白质标本是不被破坏的,无需冷却装置,一般分离时间长。

#### 7.1.2.4 电渗现象

在电场中,液体相对于一个固体的固定相做相对移动的现象称为电渗。在有载体的电泳中,影响电泳移动的一个重要因素是电渗。产生电渗现象的原因是载体中常含有可电离的基团,如滤纸中含有羟基而带负电荷,与滤纸相接触的水溶液带正电荷,液体便向负极移动。由于电渗现象往往与电泳同时存在,所以带电粒子的移动距离也受电渗影响。如电泳方向与电渗相反,则实际电泳的距离等于电泳距离加上电渗的距离。琼脂中含有琼脂果胶,其中含有较多的硫酸根,所以在琼脂电泳时电渗现象很明显,许多球蛋白均向负极移动。当把除去了琼脂果胶后的琼脂糖用作凝胶电泳时,电渗现象大为减弱。电渗所造成的移动距离可用不带电的有色染料或有色葡聚糖点在支持物的中心,以观察电渗的方向和距离。

## 7.2 电泳分离法的分类

和色谱法相类似,电泳分离法也是按照其展开方式进行分类的,大致分为区带电泳(Zone Electrophoresis,ZEP)、移界电泳(Moving Boundary Electrophoresis,MBEP)、等速电泳(Isotachophoresis,ITP)和等电聚焦(Isoelectric Focusing,IEF)等四种电泳技术,如图7-1所示。

### 7.2.1 区带电泳

区带电泳是指在一定的支持物上,于均一的载体电解质中,将样品加在中部位置,在电场作用下,样品中带正电荷或负电荷的离子分别向负极或正极以不同速度移动,分离成一个个彼此隔开的区带的方法。区带电泳按支持物的物理性状不同,又可分为纸和其他纤维膜电泳、粉末电泳、凝胶电泳与丝线电泳等。目前最常用的电泳操作模式就是区带电泳中的聚丙烯酰胺凝胶电泳和琼脂糖凝胶电泳，前者主要用于蛋白质的分离鉴定，后者主要于核酸的分析鉴定。

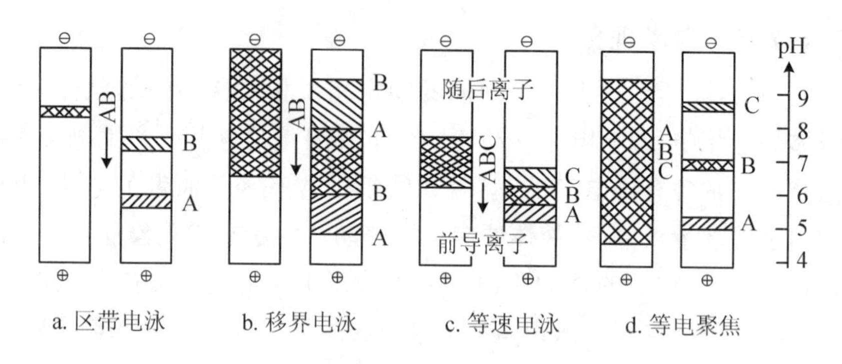


**图 7-1 各种电泳分离原理示意图**

### 7.2.2 移界电泳

移界电泳即移动界面电泳的简称，是将被分离的离子（如阴离子）混合物置于电泳槽的一端（如负极），在电泳开始前，样品与载体电解质有清晰的界面；电泳开始后，带电粒子向另一极（正极）移动，泳动速度最快的离子走在最前面，其他离子依照电泳速度快慢的顺序排列，形成不同的区带。只有第一个区带的界面是清晰的，达到了完全分离。

### 7.2.3 等速电泳

等速电泳是在样品中加有领先离子（其迁移率比所有被分离离子的都大）和终末离子（其迁移率比所有被分离离子的都小），而且样品加在领先离子和终末离子之间，在外电场作用下，各离子进行移动，经过一段时间电泳后，达到完全分离。被分离的各离子的区带按迁移率大小依次排列在领先离子与终末离子的区带之间。由于没有加入适当的支持电解质来载带电流，所得到的区带是相互连接的，且因“自身校正”效应，界面是清晰的，这是与区带电泳的不同之处。

### 7.2.4　等电聚焦

等电聚焦电泳是将两性电解质加入盛有pH梯度缓冲液的电泳槽中，当其处在低于其本身等电点的环境中时则带正电荷向负极移动；若其处在高于其本身等电点的环境中时，则带负电向正极移动。当泳动到其自身特有的等电点时，其净电荷为零，泳动速度下降到零，具有不同等电点的物质最后聚焦在各自等电点位置，形成一个个清晰的区带，分辨率极高。

# 第8章　浮选分离法

## 8.1　浮选基本原理

浮选技术又被称为气泡吸附分离技术，简称气浮分离，是一种以气泡作为载体使溶液中的固体、沉淀、胶体、特定目标分子等附着或吸附在气-液界面而与母液分离的方法。浮选技术最早是用于矿物的富集或选择性分离，从20世纪60年代起，浮选技术开始广泛应用于其他工业领域，如从工业水、海水和饮用水中去除有毒物质、固体悬浮物、大分子有机物等，这是因为浮选技术比传统的分离技术（溶剂萃取、离子交换、共沉淀等）更为简单，且可以连续大批量处理水样。在使用浮选技术对矿物进行分离富集时，为了提高分离富集效率，需要对影响浮选效果的因素进行讨论。

### 8.1.1　矿物表面的润湿性与可浮性

矿物可浮性最直观的标志，就是被水润湿的程度不同，例如石英、云母等很易被水润湿，而石墨、辉钼矿等不易被水润湿。易被水润湿的矿物叫做亲水性矿物，不易被水润湿的矿物叫做疏水性矿物。矿物表面的亲水或疏水程度，常用接触角 $\theta$ 来度量。在液体所接触的固体（矿物）表面与气相（气泡、空气）的分界点处，沿液滴或气泡表面作切线，则此切线在液体一方与固体表面的夹角称为“接触角”。亲水性矿物接触角小，比较难浮；疏水性矿物接触角大，比较易浮。

当气泡在矿物表面附着时，一般认为气泡与矿物表面接触处是三相接触，并将这条接触线称为“润湿周边”。气泡附着于矿物表面（或水滴附着于矿物表面）的过程中，润湿周边是可以移动的，或者变大，或者缩小。润湿周边不变时的接触角称为“平衡接触角”（简称接触角）。平时提到的接触角，除注明者外，均指平衡接触角。它既与矿物表面性质有关，也与液相、气相的界面性质有关。凡是能引起任何三相界面自由能改变的因素，都可影响矿物表面的润湿性。

同时，还可以看到接触角 $\theta$ 值愈大，$\cos\theta$ 值愈小，说明矿物润湿性愈小，其可浮性愈好。通过测定矿物的接触角，可以对矿物的润湿性和可浮性作出大致的评价。

通常测定的接触角，是用小水滴或小气泡在大块纯矿物表面测到的。实际浮选时，是磨细的矿粒向大气泡附着，这时要直接测定其接触角是困难的，因此需要用物理化学的方法分析。实际上，当气泡与矿粒接触时，界面面积的变化及气泡的变形情况是相当复杂的，曾经有些学者对其进行过较复杂的推算。但是，由于固-液及固-气界面能难于直接测定，平衡接触角不易测准，特别是矿粒与气泡间的水化膜的性质变化等，所以这方面的工作尚有待继续研究。

### 8.1.2 水化膜的形成及其对矿物可浮性的影响

从宏观的接触角深入到矿物与水溶液界面的微观润湿性可以推知，润湿是水分子在矿物表面的吸附形成的水化作用。水分子是极性分子，矿物表面的不饱和键能也具有不同程度的极性。因此，极性的水分子会在有极性的矿物表面上吸附，并在矿物表面形成水化膜。水化膜中的水分子是定向密集排列的，它们与普通水分子的随机稀疏排列不同。最靠近矿物表面的第一层水分子，受表面键能的吸引最强，排列最为整齐严密。随着键能影响的减弱，离表面较远的各层水分子的排列秩序逐渐混乱。表面键能作用不能达到的距离处，水分子已呈普通水那样的无秩序状态。所以，水化膜实际上是介于固体矿物表面与普通水之间的过渡间界，故又称为“界间层”。通过表面化学的研究得知，水化膜的厚度与矿物的润湿性成正比。例如，亲水性矿物（如石英、云母）的表面水化膜可以厚达 $10^{-3}$ 厘米，疏水性矿物表面水化膜则仅为

$10^{-6}$～$10^{-7}$厘米。这层水化膜受矿物的表面键能作用，它的黏度比普通水大，并且具有同固体相似的弹性，所以虽然水化膜的外观是液相，但其性质却近似固相。

在浮选过程中，矿粒与气泡互相接近，先排除间隔于两者夹缝间的普通水。由于普通的水分子是无序而自由的，所以易被挤走。当矿粒向气泡进一步接近时，矿粒表面的水化膜受气泡的排挤而变薄。水化膜变薄过程的自由能变化，与矿物表面的水化性有关，当矿物表面水化性强（亲水性表面），则随着气泡向矿粒逼近，水化膜表面自由能增加，除非有外加的大能量，否则水化膜不会自发薄化。所以，水化膜的厚度与自由能的变化表明，表面亲水性的矿物不易与气泡接触附着；而对于疏水性表面，其水化膜比较脆弱，有一部分自发破裂，但到很接近表面的一层水化层，仍是很难排除。浮选常遇的矿物既非完全亲水，也非绝对疏水，往往是中间状态。

### 8.1.3　矿物的结构、氧化及溶解与可浮性

矿物的物理化学性质，是决定可浮性的主要因素。对矿物性质起主要影响的是矿物的化学组成及物理结构。矿物晶格结构的差别，主要与其结晶键能有关。键能不仅影响矿物的内部性质，也影响矿物的“表面性质”。矿物表面的物理化学性质对可浮性起着主导作用。理想的矿物结晶构造及键能比较有规律，但实际矿物则有晶格缺陷等物理的不均匀性，也有如类质同象等化学不均匀性存在。同时，矿物的氧化及溶解也影响其可浮性。

破碎磨矿暴露的矿物表面，是决定矿物可浮性的基础。矿物表面与内部的主要区别，就是矿物内部离子、原子或分子相互结合，键能得到平衡；而表面层的离子、原子或分子，朝向内部的一面，与内层有平衡饱和键能，而朝向外面的是空间，这方面的键能没有得到饱和（或补偿）。矿物表面这种未饱和的键能，决定其可浮性。矿物表面如果是较强的共价键或离子键时，因为具有这类键能的矿物表面有较强的极性和化学活性，对极性的水分子有较大的吸引力，因而表现为亲水性强，故称为亲水性表面；而具有较弱的分子键的矿物表面的极性及化学活性较弱，对水分子吸引力较小，不易被水润湿，故称为疏水性表面。亲水性矿物表面易被水润湿，测得的接触角小，天然可浮性较

差;疏水性矿物表面的接触角大,天然可浮性好。浮选中的常见矿物介于上述两类极端情况中间的过渡状态。

天然可浮性好的矿物不多。在浮选发展初期,利用天然可浮性进行分选,但其分选效率很低。浮选的发展主要是靠人为地改变矿物的可浮性,因为即使是有天然可浮性的矿物,比如辉钼矿,由于受到氧化及水的作用,其可浮性也会发生变化。大多数硫化矿、氧化物、硅酸盐等,本身就比较亲水难浮,经过矿床中的温度、压力、地下水、风化等作用,以及破碎磨矿等过程,表面受污染,故其可浮性也受影响。要造成人为的可浮性,目前最有效的方法是加捕收剂处理。这种药剂一端是具有极性,朝向矿物表面,可满足矿物表面未饱和的键能,另一端具有石蜡或烃类那样的疏水性,朝外排水,从而造成矿物表面的"人为可浮性"。这就是捕收剂与矿物表面作用的基本原理。

浮选研究常常发现,即使是同一种矿物可浮性差别也相当大。例如,石英和方铅矿,本来是认为比较容易制得"纯"试样的矿物,但是不同研究工作者的研究结果表明,不同产地的矿物或制备样品方法不同,可浮性测定结果往往很不一致。对于黄铁矿、闪锌矿、赤铁矿、褐铁矿等矿样,甚至会测得相反的结果,从而很难归纳出规律。这是因为实际矿物很少是理想典型的"纯"矿物,它们存在着物理不均匀性和化学不均匀性,这些都造成了其表面的不均匀性,从而使其可浮性发生各种各样的变化。

矿物表面受到空气中的氧、二氧化碳、水以及水中氧等的共同作用,发生表面氧化,从而改变矿物的可浮性,比如磁黄铁矿,在一定限度内,磁黄铁矿的可浮性因氧化而变好,但过分的氧化,则起抑制作用。磁黄铁矿的自然氧化,在室温下表面被氧化而形成单质硫,此时其可浮性较好,当溶出 $Fe^{2+}$、$FeO(OH)$ 及有矿泥覆盖时,其可浮性差。硫化铁矿发生氧化的反应式较多,其中最可能的反应式为:

$$Fe_{11}S_{12} + 22O_2 = 11FeSO_4 + S$$

$$4FeS_n + 2H_2O + 3O_2 = 4FeO(OH) + 4nS$$

$$FeS_n + (n+1)O_2 = FeSO_4 + (n-1)SO_2$$

前已述及磁黄铁矿表面形成硫时其可浮性好,形成 $FeO(OH)$ 时其可浮性差。因此可以推想,当磁黄铁矿含硫超过计量时,可浮性好;含铁超过计量时,可浮性差。含铁量高时,磁性较强,故磁性强的,可浮性就可能差些。追究其原因,就是因为铁被氧化成 FeO(OH),在其表面形成亲水层而起了抑制作用。

### 8.1.4 吸附的基本概念和对浮选的意义

吸附是液体(或气体)中某种物质在相界面上发生浓集的现象。就液-气界面吸附而言,将某种溶质加入溶液后,使溶液表面自由能降低,而且表面层溶质的浓度大于溶液体内浓度的,则称该溶质为表面活性物质(或叫表面活性剂),这样的吸附称为正吸附。反之,如果加入溶质之后,使溶液的表面自由能升高,而且表面层的溶质浓度小于溶液体内的浓度,则称该溶质为非表面活性物质(或称非表面活性剂),这样的吸附称为负吸附。

吸附是浮选中不同相界面上经常发生的现象,例如,在液-气界面上吸附起泡剂后,降低了液-气界面的自由能,防止气泡彼此兼并,从而达到了稳定气泡,促进泡沫矿化和形成稳定矿化泡沫层的目的。捕收剂和调整剂主要吸附在固-液界面上,直接影响矿物表面的物理化学性质,从而可以调节矿物的可浮性。可见,研究吸附现象,对探索浮选理论和指导浮选实践有重要的意义。

浮选是复杂的物理化学过程,其中使用的药剂种类繁多,不同种类的药剂可吸附在不同的相界面上,就其本质可以分为物理吸附和化学吸附两大类型。凡是由分子键力(范德华力)引起的吸附都称为物理吸附,物理吸附的特征是热效应小,吸附质易于从表面解吸,具有可逆性,吸附有多层分子或离子,吸附选择性差,吸附速度快。凡是由化学键力引起的吸附都称为化学吸附,化学吸附的特征是热效应大,吸附牢固,不易解吸,是不可逆的,往往只是单层吸附,具有很强的选择性,吸附速度慢。

## 8.2 离子浮选

离子浮选法就是微量待测元素(或其络合物),与加入的带有相反电荷的表面活性剂形成疏水性离子缔合物，通入气体进行浮选后，缔合物附着于泡沫层而被浓集分离的方法。由于离子与表面活性剂易形成化合物，表面活性剂必须稍多于化学计量，但不能高于其临界胶束浓度，否则表面活性剂将产生胶束增溶作用而降低气-液界面的吸附。

## 8.3　沉淀浮选

沉淀浮选法是在溶液中加入某种沉淀剂，使与某组分形成胶体沉淀，然后加入与胶体粒子带相反电荷的表面活性剂，使组成沉淀/表面活性剂/惰性气体体系，沉淀吸附待测组分和表面活性剂一起被气泡浮升，达到分离目的。

比如在对水中钒进行测定时，因为钒的浓度很低，仅 $10^{-6}$ g · $L^{-1}$左右，无法直接用吸光光度法测定，因此必须采用适当的手段加以富集后方能准确测定。可以用 $Fe^{3+}$ 为载体、十二烷基磺酸钠(SDS)为浮选剂进行浮选，然后采用分光光度法测定。这一方法在 pH 为 5 的溶液中，$Fe^{3+}$ 可形成 $Fe(OH)_3$ 絮状沉淀，而作为胶核的 $Fe(OH)_3$ 会优先吸附溶液中的 $Fe^{3+}$，从而使胶粒带正电。而 $V^{5+}$ 在水中主要以 $VO^{3+}$ 的形式存在，其性质与 $Fe^{3+}$ 相似。当 $Fe(OH)_3$ 胶体生成时，$VO^{3+}$ 也极易被胶核吸附，从而成为胶粒的一部分，并随 $Fe(OH)_3$ 胶体一起沉淀析出。由于胶粒带正电，这时如果向溶液中加入阴离子表面活性剂，带正电的胶核就会很容易与阴离子表面活性剂形成电中性且不溶于水的络合物，从而可以被通入的氮气气泡从水中带出，达到浮选富集分离的目的。

## 8.4　溶剂浮选

溶剂浮选是一种特殊的气浮分离技术，最早由 Sebbar 提出，也是目前研究和应用最为广泛的一种气浮分离方法。水溶液中具有表面活性(或疏水性)的待分离组分由于其较小的界面张力(或较强的疏水性),很容易吸附在微小气泡的表面,随着气泡的上升而被带到浮选柱的顶部,气泡破裂后,待分离目标物与浮选柱顶部的有机相发生某种作用(直接溶解或与有机相中络合剂发生络合反应后溶解)而被富集。溶剂浮选技术具有操作简单、分离效率高、富集系数高、传质温和、有机溶剂消耗少等优点,广泛应用于仪器分析的样品前处理、水体中有机污染物分离、天然产物中活性物质分离等领域。溶剂浮选技术可以和溶剂萃取一样操作,非常简便。在目前的研究中,如果将浮选装置和检测装置联用,还可以实现对微量组分的高灵敏检测。

在溶剂浮选中,浮选溶剂(即母液上层的有机溶剂)的用量一般都非常小,经过分离后能起到对母液中的目标物进行富集的作用。因此,溶剂浮选技术还被认为是一种具有分离与富集同时完成的分离技术。基于这一优势,溶剂浮选技术开始被应用于分析化学领域。1977 年,日本科学家小迁奎也首次将溶剂浮选技术与分光光度法联用,建立了水溶液中微量铁离子(Ⅲ)的分析方法,这标志着溶剂浮选技术正式成为一种分析方法。到 20 世纪 80 年代,溶剂浮选技术无论在应用方面还是理论方面都得到了长足的发展。20 世纪 80～90 年代,溶剂浮选技术的应用主要集中于微量金属的分析测定和有机污染物的去除,在理论方面也建立了较为完整的溶剂浮选数学模型。同一阶段,国内的溶剂浮选研究逐渐兴起,开始在这一领域占有一席之地,到 21 世纪初,我国科研工作者在溶剂浮选技术的研究领域已占据主导地位。直到现在,溶剂浮选技术的相关研究方兴未艾,在应用领域、分离体系、理论模型等各个方面都有溶剂浮选技术的新应用及理论模型研究,新的热点不断涌现,显示出勃勃生机。

# 第 9 章　膜 分 离 法

## 9.1　概　　述

膜是具有选择性分离功能的材料，利用膜的选择性分离实现料液的不同组分的分离、纯化、浓缩的过程称作膜分离。它与传统过滤的不同之处在于膜可以在分子范围内进行分离，并且这过程是一种物理过程，不需发生相的变化和添加助剂。膜的孔径一般为微米级，依据其孔径（或称为截留分子量）的不同，可将膜分为微滤膜、超滤膜、纳滤膜和反渗透膜。根据材料的不同，可分为无机膜和有机膜，无机膜主要是陶瓷膜和金属膜，其过滤精度较低，选择性较小；而有机膜是由高分子材料做成的，如醋酸纤维素、芳香族聚酰胺、聚醚砜、聚氟聚合物等等。错流膜工艺中的各种膜的分离与截留性能是根据膜的孔径和截留分子量来加以区别。

膜分离技术的发展和应用为许多行业，如纯水生产、海水淡化、苦咸水淡化、电子工业、制药和生物工程、环境保护、食品、化工、纺织等工业，高质量地解决了分离、浓缩和纯化的问题，为循环经济、清洁生产提供了依托技术。

## 9.2　微滤、超滤和纳滤

微滤（MF）又称微孔过滤，它属于精密过滤，其基本原理是筛孔分离过程。鉴于微孔滤膜的分离特征，微孔滤膜的应用范围主要是从气相和液相中截留微粒、细菌以及其他污染物，以达到净化、分离、浓缩的目的。

对于微滤而言，膜的截留特性是以膜的孔径来表征，通常孔径范围在0.1～1 μm，故微滤膜能对大直径的菌体、悬浮固体等进行分离，可用于一般料液的澄清、过滤以及空气的除菌。

超滤（UF）是介于微滤和纳滤之间的一种膜过程，膜孔径在0.05～1 000 μm之间。超滤是一种能够将溶液进行净化、分离、浓缩的膜分离技术，超滤过程通常可以理解成与膜孔径大小相关的筛分过程，它以膜两侧的压力差为驱动力，以超滤膜为过滤介质，在一定的压力下，当水流过膜表面时，只允许水及比膜孔径小的小分子物质通过，达到溶液的净化、分离、浓缩的目的。

对于超滤而言，膜的截留特性是以对标准有机物的截留分子量来表征的，通常截留分子量范围在1 000～300 000，故超滤膜能对大分子有机物（如蛋白质、细菌）、胶体、悬浮固体等进行分离，广泛应用于料液的澄清、大分子有机物的分离纯化、除热源等。

纳滤（NF）是介于超滤与反渗透之间的一种膜分离技术，其截留分子量在80～1 000的范围内，孔径为几纳米，因此称纳滤。基于纳滤分离技术的优越特性，其在制药、生物化工、食品工业等诸多领域显示出广阔的应用前景。

对于纳滤而言，膜的截留特性是以对标准 NaCl、$MgSO_4$、$CaCl_2$溶液的截留率来表征的，通常截留率范围在60%～90%，相应截留分子量的范围在100～1 000，故纳滤膜能对小分子有机物等与水、无机盐进行分离，实现脱盐与浓缩的同时进行。

## 9.3　反　渗　透

反渗透（RO）是利用反渗透膜只能透过溶剂（通常是水）而截留离子物质或小分子物质的选择透过性，以膜两侧静压为推动力而实现对液体混合物分离的膜过程。反渗透是膜分离技术的一个重要组成部分，因其具有产水水质高、运行成本低、无污染、操作方便、运行可靠等诸多优点，而成为海水和苦咸水淡化，以及纯水制备的最节能、最简便的技术。目前已广泛应用于医药、电子、化工、食品、海水淡化等诸多行业。反渗透技术已成为现代工业中首选的水处理技术。

反渗透的截留对象是所有的离子，仅让水透过膜，对 NaCl 的截留率在98%以上，出水为无离子水。反渗透法能够去除可溶性的金属盐、有机物、细菌、胶体粒子、发热物质，也能截留所有的离子，在生产纯净水、软化水、无离子水、产品浓缩、废水处理方面反渗透膜已经被广泛应用。

## 9.4　透析(渗析)

透析是通过小分子经过半透膜扩散到水(或缓冲液)的原理，将小分子与生物大分子分开的一种分离纯化技术。透析疗法是使体液内的成分(溶质或水分)通过半透膜而排出体外的治疗方法，一般可分为血液透析和腹膜透析两种。

血液透析(Hemodialysis)，简称血透，通俗的说法也称之为人工肾、洗肾，是血液净化技术的一种。其利用半透膜原理，通过扩散，对流体内各种有害以及多余的代谢废物和过多的电解质移出体外，达到净化血液的目的，同时还可以达到纠正水、电解质及酸碱平衡的目的。

腹膜透析是利用腹膜作为半渗透膜，利用重力作用将配制好的透析液经导管灌入患者的腹膜腔，这样，在腹膜两侧存在溶质的浓度梯度差，高浓度一侧的溶质向低浓度一侧移动(弥散作用)；水分则从低渗一侧向高渗一侧移动(渗透作用)。通过腹腔透析液不断地更换，以达到清除体内代谢产物、毒性物质及纠正水、电解质平衡紊乱的目的。

## 9.5 膜 蒸 馏

膜蒸馏(MD)是膜技术与蒸馏过程相结合的膜分离过程，它以疏水微孔膜为介质，在膜两侧蒸气压差的作用下，料液中挥发性组分以蒸气形式透过膜孔，从而实现分离的目的。膜的一侧与热的待处理溶液直接接触(称为热侧)，另一侧直接或间接地与冷的水溶液接触(称为冷侧)。热侧溶液中易挥发的组分在膜面处汽化通过膜进入冷侧并被冷凝成液相，其他的组分则被疏水膜阻挡在热侧，从而实现混合物分离或提纯的目的。与渗透汽化过程一样，膜蒸馏是热量和质量同时传递的过程，是有相变的膜过程，传质的推动力为膜两侧透过组分的蒸气压差。因此实现膜蒸馏需要两个条件：① 膜蒸馏必须是疏水微孔膜。② 膜两侧要有一定的温度差存在，以提供传质所需的推动力。

膜蒸馏的类别有：直接接触膜蒸馏(DCMD)、空气隙膜蒸馏(AGMD)、吹扫气膜蒸馏(SGMD)、真空膜蒸馏(VMD)。

与其他常用分离过程相比，膜蒸馏具有分离效率高、操作条件温和、对膜与料液间相互作用及膜的机械性能要求不高等优点。膜蒸馏的应用领域主要取决于膜的润湿性，因此膜蒸馏主要用来处理含无机质的水溶液，这类溶液和水的表面张力相差很小，同其他多数膜过程一样，产品可以是渗透物也可以是截留物。主要应用范围为海水淡化、超纯水制备、无机水溶液的浓缩提纯、共沸物的分离、挥发性产品的浓缩、回收、去除等。

## 9.6 膜 萃 取

膜萃取又称固定膜界面萃取，是基于非孔膜技术发展起来的一种样品前处理方法，是膜技术和液-液萃取过程相结合的新的分离技术，是膜分离过程中的重要组成部分。

膜萃取的研究始于1984年,Kiani A等提出膜萃取分离技术。在膜萃取过程中,萃取剂和料液不直接接触,萃取相和料液相分别在膜两侧流动,其传质过程分为简单的溶解-扩散过程和化学位差推动传质,即通过化学反应给流动载体不断提供能量,使其可能从低浓度区向高浓度区输送溶质,这在冶金过程中有重要意义。膜萃取能使界面化学反应与扩散这两类不同的过程同时发生;原料中被迁移物质浓度即使很低,只要有供能溶质的存在,仍然有很大的推动力;可以减少萃取剂在物料相中的夹带损失;不受"液泛"的限制,过程受"返混"的影响减少,易于实现工业化和同级萃取拆分;同级萃取的反萃过程易于实现,可得到较高的单位体积传质速率;逆流提取和中空纤维膜的运用分别解决了膜萃取中的饱和平衡和效率问题。目前,缺乏高效萃取拆分剂、不能能动控制和强化萃取拆分过程这三个方面制约着膜萃取技术的发展。

## 9.7 液膜分离

液膜分离是一种以液膜为分离介质,以浓度差为推动力的膜分离操作。液膜分离涉及三种液体:通常将含有被分离组分的料液作连续相,称为外相;接受被分离组分的液体,称为内相;成膜的液体处于两者之间,称为膜相。在液膜分离过程中,被分离组分从外相进入膜相,再转入内相,浓集于内相。如果工艺过程有特殊要求,也可将料液作为内相,接受液作为外相。这时被分离组分的传递方向,则从内相进入外相。液膜分离与液-液萃取的机理虽然不同,但都属于液-液系统的传质分离过程,液膜分离也有被称为液膜萃取的。水溶液组分的萃取分离,通常需经萃取和反萃取两步操作才能将被萃组分通过萃取剂转移到反萃液中。液膜分离系统的外相、膜相和内相,分别对应于萃取系统的料液、萃取剂和反萃剂。液膜分离时三相共存,相当于萃取和反萃取的操作在同一装置中进行,且萃取剂的接受液用量很少。

分离用液膜的两种主要类型:① 乳化液膜。先将内相溶液以微液滴(滴径为 1～100 μm)形式分散在膜相溶液中，形成乳液(称为制乳)；然后将乳液以液滴(滴径为 0.5～5 mm)形式分散在外相溶液中就形成了乳化液膜系统。液膜的有效厚度为 1～10 μm。为保持乳液在分离过程中的稳定性，膜相溶液中加有表面活性剂和稳定添加剂。接受了被分离组分的乳液，还须经过相分离，得到单一的内相溶液，再从中取得被分离组分，并使膜相溶液返回以重新制备乳液。对乳液作相分离的操作称为破乳，方法是用高速离心机作沉降分离，或用高压电场促进微液滴凝聚，或加入破乳剂破坏微液滴的稳定性，然后再作分离。② 固定液膜。又称支撑液膜，是以"膜相溶液"浸渍微孔薄膜后形成的有固相支撑的液膜。支撑液膜比乳化液膜厚，而且膜内通道弯曲，传质阻力较大，但它不需制乳和破乳，操作较为简便，更适合于工业应用。

分离机理有以下几种类型：① 选择性渗透。利用混合物中各组分透过液膜的渗透速率的差别，实现组分分离，如烷烃与芳烃的液膜分离。② 内相有化学反应。被分离组分 A 透过液膜后与内相中的反萃剂 R 发生化学反应，反应产物 P 不能透过液膜。如用液膜分离法使废水脱酚时，酚透过液膜后与内相中的 NaOH 反应生成酚钠。③ 膜内添加活动载体。载体 $R_1$ 作为渗透组分 A 在膜内传递的媒介，载体相当于萃取剂中的萃取反应剂，在外相与液膜的界面处，与渗透组分 A 生成络合物 $P_1$，$P_1$ 在液膜内扩散到内相与液膜的界面，与内相中的反萃剂 $R_2$ 作用而发生解络，组分 A 进入内相；解络后的载体在液膜内扩散返回外相与液膜界面，再一次进行络合，这方面的试验研究有铀的提取和含铬废水的处理等。此外，液膜的外界面还能选择性地吸附料液中的悬浮物。液膜分离虽具有传质推动力大，传质速率高，接受液用量少等优点，但过程的可靠性较差，操作采用乳化液膜时，制乳、破乳困难，故适用范围较小，至今尚处于试验阶段。

## 9.8　亲和膜分离

亲和膜分离又称膜亲和层析，是一种利用亲和配基修饰的膜(亲和膜)为介质的分离纯化生物大分子的技术，是膜分离技术和亲和层析技术的有机结合;其分离过程包括亲和吸附、洗脱、亲和膜再生等步骤;多采用错流方式达到分离与浓缩的双重目的。该技术的关键是制备适宜的亲和膜,具有传质阻力小、达到吸附平衡的时间短、配基利用率高、设备体积小等优点,可实现生物大分子的高效、大规模分离纯化。例如以 A 蛋白为配基的亲和膜全自动分离纯化系统可一步完成除菌、纯化和浓缩操作;用于纯化小鼠单抗的速度可达传统层析法的 100 倍。但是膜污染等导致吸附效率低、膜寿命下降是亲和膜分离应用的主要问题。

亲和膜分离过程包括分离膜的改性、亲和膜制备、亲和络合、洗脱、亲和膜再生等。

亲和膜按照形状可分为板式、圆盘式、中空纤维式,其中,前两者统称为平板亲和膜。

亲和膜分离过程的操作方式分为死端过滤和错流过滤,对平板膜和叠合平板膜多采用死端过滤,而对于中空纤维膜多采用错流过滤模式。

与亲和色谱相比,亲和膜色谱的最大优势在于其动力学方面,它克服了颗粒状多孔载体扩散传质阻力大的缺点,代之以对流传质,这样就可以在较低的操作压和较高的流速下对目标蛋白进行快速的分离和纯化,从而缩短操作时间、提高纯化效率。另外,对配基量相等的膜柱与树脂吸附柱,前者的生产速率远远大于后者,尤其是在高速进样条件下。

随着生命科学和生物工程的迅速发展,对生物大分子纯化分离的要求越来越高,对一些分子量相差很小的大分子就要用亲和介质所具有的特异性将其分离出来。目前,亲和膜分离技术已应用于单抗、多抗、胰蛋白酶抑制剂的分离以及抗原、抗体、血清白蛋白、胰蛋白酶、干扰素等的纯化。

亲和膜分离技术的发展和成熟应用,极大地推动了热敏物质(蛋白质、酶、维生素、中草药等)和分子量相近物质(同分异构体、同系物等)分离技术的发展。

# 第二部分

# 分离检测技术

分离检测实验是分离检测课程的重要组成部分，是以实验操作为主的技能课程，是化工、环境、生物、医药、食品等专业的基础课程之一。学生通过本课程的学习，可以加深对分离检测基本概念和基本理论的理解；理解并掌握经典及现代主要分离检测技术的原理；正确和较熟练地掌握实验仪器的基本操作，找出实验中影响分析结果的关键环节，在实验中做到心中有数，统筹安排；学会正确合理地选择实验条件和实验仪器，正确处理实验数据，以保证实验结果准确可靠；培养良好的实验习惯、实事求是的科学态度、严谨细致的工作作风和坚韧不拔的科学品质；提高观察、分析和解决问题的能力，为学习后续课程和将来参加工作打下良好的基础。为了达到上述目的，对分离检测实验提出以下几点要求：

(1) 认真预习

每次实验前必须明确实验目的和要求，了解实验步骤和注意事项，写好预习报告，做到心中有数。

(2) 仔细实验

如实记录，积极思考。在实验过程中，要认真地学习有关分离方法的基本操作技术，在教师的指导下正确使用仪器，要严格按照规范进行操作。细心观察实验现象，及时将实验条件和现象以及分析测试的原始数据记录在实验记录本上，不得随意涂改；同时要勤于思考分析问题，培养良好的实验习惯和科学作风。

(3) 认真写好实验报告

实验后根据实验记录能够正确分析和处理实验中的相关数据，合理表达和解释实验结果，并能给出合格的实验报告。实验报告一般包括实验名称、实验日期、实验原理、主要试剂和仪器及其工作条件、实验步骤、实验数据及其分析处理、实验结果和讨论。实验报告应简明扼要，图表清晰。

(4) 严格遵守实验室规则

注意安全，保持实验室内安静、整洁。实验台面保持清洁，仪器和试剂按照规定摆放整齐有序。爱护实验仪器设备，实验中如发现仪器工作不正常，应及时报告教师处理。实验中要注意节约，安全使用水、电和有毒或腐蚀性的试剂。每次实验结束后，应将所用的试剂及仪器复原，清洗好用过的器皿，整理好实验室。

# 实验 1　丙酮和 1,2-二氯乙烷混合物的分馏

## 实验目的

(1) 了解分馏的原理和意义。

(2) 熟悉分馏装置的安装和操作。

(3) 掌握丙酮和 1,2-二氯乙烷混合物的分馏操作。

## 实验原理

1,2-二氯乙烷的沸点是 83.5 ℃,密度为 1.256 $g \cdot cm^{-3}$(20 ℃);丙酮的沸点是 56 ℃,密度为 0.789 9 $g \cdot cm^{-3}$(20 ℃)。本实验利用简单分馏对二者互溶液体进行蒸馏,可得到丙酮含量较高的馏分,与简单蒸馏比较,分离效果好。

## 仪器与试剂

### 1. 仪器

圆底烧瓶(100 mL)、接液管、锥形瓶(50 mL)、水浴锅、分馏柱(300 mm)、直型冷凝管(300 mm)、恒温水浴-阿贝折光仪系统等。

### 2. 试剂

丙酮 24 mL、1,2-二氯乙烷 16 mL。

## 实验步骤

### 1. 标准曲线(可由教师预先准备)

(1) 按下述配比配制不同体积百分数的丙酮-1,2-二氯乙烷溶液。两种溶液的总体积为 10 mL。配好后旋紧盖子并摇匀,迅速用阿贝折光仪测定各溶液的折光率。

| 丙酮 | 100% | 85% | 70% | 55% | 40% | 25% | 10% | 0 |
|---|---|---|---|---|---|---|---|---|
| 1,2-二氯乙烷 | 0 | 15% | 30% | 45% | 60% | 75% | 90% | 100% |

(2) 计算配制的不同体积百分数的丙酮-1,2-二氯乙烷溶液的质量百分比浓度。

(3) 以丙酮质量百分比浓度为横坐标,以折光率为纵坐标绘制标准曲线。

### 2. 安装分馏装置并加料

量取 24 mL 丙酮和 16 mL 1,2-二氯乙烷放在 100 mL 圆底烧瓶(装有几粒沸石)里,安装好分馏装置(必要时石棉绳包裹分馏柱身)。

### 3. 分馏并收集馏分

缓慢用水浴均匀加热,防止过热。5～10 min 后液体开始沸腾,即见到一圈圈气液沿分馏柱慢慢上升,注意控制好温度,一定使蒸馏瓶内液体缓慢微沸,使蒸气慢慢上升,一般要控制到使蒸气到柱顶 15～20 min 为宜。待蒸气停止上升后,调节热源,提高温度,使蒸气上升到分馏柱顶部进入支管。开始有分馏液流出时,记录第一滴分馏液落到接收瓶时的温度;控制加热速度,当柱顶温度维持在 56 ℃时,收集 10 mL 左右馏出液(分馏效果好,纯丙酮量可增加)。随着温度上升,再分别收集 50～60 ℃、60～70 ℃、70～80 ℃、80～83 ℃的馏分,将不同馏分别装在五只试管或小锥形瓶中,并用量筒量出体积。(操作时要注意防火,应在离加热源较远的地方进行。)

### 4. 测馏分的折光率并计算含量

用折光仪分别测定以上各馏分的折光率,并与事先绘制的丙酮和 1,2-二氯乙烷组成与折光率工作曲线对照,得到在该分馏条件下,各馏分所含丙酮(或 1,2-二氯乙烷)的质量分数及其体积量。

## 思考题

(1) 分馏和蒸馏在原理、装置、操作上有哪些不同?

(2) 分馏柱顶上温度计水银球位置偏高或偏低对温度计读数有什么影响?

(3) 为什么分馏柱装上填料后效率会提高?分馏时,若给烧瓶加热太快,分离两种液体的能力会显著下降,为什么?

(4) 在分馏装置中分馏柱为什么要尽可能垂直?

# 实验 2　沉淀法分离合金钢中的镍

## 实验目的

（1）学习有机沉淀剂在重量分析中的应用。

（2）学习重量分析法的操作技能。

## 实验原理

丁二酮肟分子式为 $C_4H_8O_2N_2$，相对分子质量为 116.2 g·mol$^{-1}$，是二元弱酸，以 $H_2D$ 表示，在氨性溶液中以 $HD^-$ 为主，与 $Ni^{2+}$ 发生配合反应：

$$Ni^{2+} + 2\begin{array}{c} CH_3-C=NOH \\ | \\ CH_3-C=NOH \end{array} + 2NH_3 \cdot H_2O \longrightarrow$$

$$\begin{array}{ccc} & O-H-O & \\ CH_3-C=N & & N=C-CH_3 \\ | & Ni & | \\ CH_3-C=N & & N=C-CH_3 \\ & O-H-O & \end{array} \downarrow \text{红色} + NH_4^+ + 2H_2O$$

沉淀经过滤、洗涤，在 120 ℃下烘干称重，称丁二酮肟镍沉淀的质量 $m_{Ni(HD)_2}$，则 Ni 的质量分数（$w_{Ni}$）为：

$$w_{Ni} = \frac{m_{Ni(HD)_2} \times \dfrac{M_{rNi}}{M_{rNi(HD)_2}}}{m_{试样}}$$

丁二酮肟镍沉淀的条件：pH＝8～9 的氨性溶液，pH 过小则生成的 $H_2D$ 沉淀易溶解，pH 过高易形成 $Ni(NH_3)_4^{2+}$，同样增加沉淀的溶解度。$Fe^{3+}$、

$Al^{3+}$、$Cr^{3+}$、$Ti^{3+}$在氨水中也生成沉淀，有干扰；$Cu^{2+}$、$Cr^{2+}$、$Fe^{2+}$、$Pd^{2+}$亦可以形成配合物，产生共沉淀，加入柠檬酸或酒石酸可掩蔽干扰离子。

## 仪器、试剂与材料

### 1. 仪器

G4 微孔玻璃坩埚、烧杯、表面皿、玻璃棒等。

### 2. 试剂

混合酸 $HCl+HNO_3+H_2O$(3∶1∶2)、50%酒石酸或柠檬酸溶液、丁二酮肟（1%乙醇溶液）、氨水（1∶1）、2 mol·L$^{-1}$ $HNO_3$、HCl（1∶1）、0.1 mol·L$^{-1}$ $AgNO_3$、氨-氯化铵洗涤液(在 100 mL 水中加 1 mL $NH_3·H_2O$ +1 g $NH_4Cl$)等。

### 3. 材料

钢样。

## 实验步骤

称取钢样(含 Ni 30～80 mg)两份，分别置于 400 mL 烧杯中，加入 20～40 mL 混合酸，盖上表面皿，低温加热溶解后，煮沸，使氮的氧化物去除，加入5～10 mL 50%酒石酸溶液(每克试样加 10 mL)，然后，在不断搅动下，滴加 1∶1 $NH_3·H_2O$至溶液 pH=8～9，此时溶液转变为蓝绿色。如有不溶物，应将沉淀过滤，并用热的 $NH_3·H_2O+NH_4Cl$ 洗涤液洗涤 3 次，洗涤液与滤液合并。滤液用 1∶1 HCl 酸化，用热水稀释至 300 mL，加热至 70～80 ℃，在搅拌下，加入 1%丁二酮肟乙醇溶液(每毫克 $Ni^{2+}$约需 1 mL 10%丁二酮肟溶液)，最后再多加 20～30 mL 1%丁二酮肟溶液，但所加试剂的总量不要超过试液体积的 1/3，以免增大沉淀的溶解度。然后在不断搅拌下，滴加 1∶1 氨水，至 pH=8～9(在酸性溶液中，逐步中和而形成均相沉淀，有利于大晶体产生)。在 60～70 ℃下保温 30～40 min(加热陈化)，取下，冷却，用 G4 微孔玻璃坩埚进行减压过滤，用微氨性的 2%酒石酸洗涤烧杯和沉淀 8～10 次，再用温热水洗涤沉淀至无 $Cl^-$（用 $AgNO_3$ 检验），将沉淀与微孔坩埚在 130～150 ℃烘箱中烘 1 h，冷却，称重，再烘干，冷却称量直至恒重，计算镍的质量分数。

## 思考题

（1）溶解试样时加氨水起什么作用？

（2）制备丁二酮肟沉淀应控制的条件是什么？

（3）实验中，丁二酮肟沉淀也可灼烧，试比较，灼烧与烘干的利弊。

# 实验 3　共沉淀分离铜样中的铋

## 实验目的

（1）掌握共沉淀分离法的原理。

（2）熟悉纯铜中铋的共沉淀分离的过程和操作。

## 实验原理

用水合二氧化锰作载体共沉淀分离铋，与基体铜分离，$MnO(OH)_2$是由$MnSO_4$与$KMnO_4$反应而成：

$$2MnO_4^- + 3Mn^{2+} + 7H_2O = 5MnO(OH)_2 \downarrow + 4H^+$$

沉淀分离之后，用$H_2SO_4$-$H_2O_2$溶解载体$MnO(OH)_2$：

$$MnO(OH)_2 + 4H_2O_2 + 2H^+ = Mn^{2+} + O_2 \uparrow + 3H_2O$$

在1～2 mol・$L^{-1}$ $H_2SO_4$介质中$Bi^{3+}$与KI及马钱子碱形成三元络合物BHI-$BiI_3$（B代表马钱子碱），被氯仿萃取后呈黄色进行光度测定。$Cu^{2+}$、$Fe^{3+}$与KI作用析出碘，影响测定，加入硫脲和酒石酸可消除它们的干扰。

## 仪器、试剂与材料

**1. 仪器**

分析天平、烧杯、玻璃棒、酒精灯、分液漏斗、过滤装置等。

**2. 试剂**

1∶1的硝酸、5％$MnSO_4$、1％$KMnO_4$、20％酒石酸、1 mol・$L^{-1}$ $H_2SO_4$、

10%硫脲、20%KI、25%柠檬酸、1%马钱子碱溶液(1 g AR 马钱子碱,溶于25%柠檬酸溶液中,并将此溶液稀释至 100 mL)、$CHCl_3$、$H_2SO_4$-$H_2O_2$混合液(取 7 mL 浓 $H_2SO_4$慢慢加入到 93 mL 水中,冷却后加入 3 mL 30%$H_2O_2$)、无水硫酸钠固体、5 mg · $mL^{-1}$铋标准溶液(G. R 铋盐配制,溶于 1∶9 的 $H_2S$-$H_2SO_4$介质中)。

**3. 材料**

铜样。

## 实验步骤

**1. 试样的处理**

纯铜中含铋量一般在 0.002%以下,故应使样品中含铋量以 20 mg 为宜,根据此量,可在分析天平上准确称取铜合金试样 1 g 左右于烧杯中,加 1∶1 硝酸 20 mL,加热溶解,用水稀释至 200 mL。

**2. 铋的共沉淀分离**

将试液加热至沸,加入 2 mL $MnSO_4$溶液、3 mL $KMnO_4$溶液,煮沸并保持 5 min,静置澄清后,选用快速滤纸过滤,烧杯和沉淀用热水洗涤数次,以除去滤纸和沉淀中所残留的杂质。将沉淀冲洗于原烧杯中,用 10 mL $H_2SO_4$-$H_2O_2$热溶液洗涤滤纸,溶液合并于原烧杯中,加热近沸。冷却,加酒石酸溶液7 mL,微热溶解其残渣,备作铋的测定之用。

**3. 萃取比色测定铋**

将所得铋溶液用 15 mL 1 mol · $L^{-1}$ $H_2SO_4$洗入分液漏斗中,加 5 mL 硫脲溶液、4 mL KI 溶液、4 mL 马钱子碱溶液,每加一种试剂均需摇匀,准确地加入 10 mL $CHCl_3$,震荡 1 min 分层后将有机相分离于干烧杯中,加少许无水硫酸钠以除去水分,在 460 nm 波长测定吸光度,同时做空白试验。

**4. 标准曲线的绘制**

取标准铋溶液 0.00 mL、1.00 mL、2.00 mL、3.00 mL、4.00 mL、5.00 mL 分别置于 100 mL 烧杯中,蒸发至近干,加酒石酸溶液 7 mL,按照以上萃取光

度分析步骤测定吸光度，并绘制出标准曲线。

**5. 结果计算**

根据上述测定结果，计算纯铜样品中铋的含量，用 $mg \cdot g^{-1}$ 表示。

## 思考题

共沉淀分离中应如何选择载体？

# 实验 4　溶剂萃取法分离测定合金钢中微量的铜

## 实验目的

掌握合金钢中微量铜的萃取光度测定的原理及基本操作步骤。

## 实验原理

在氨性溶液中，$Cu^{2+}$与铜试剂（二乙氨基二硫代甲酸钠即 DDTC）生成黄棕色配合物，用氯仿或四氯化碳萃取后进行光度测定，其最大吸收波长在 630～640 nm 处。$Fe^{3+}$、$Co^{2+}$、$Ni^{2+}$干扰测定，可加入 EDTA 消除干扰。

## 仪器、试剂与材料

**1. 仪器**

分光光度计、分液漏斗（125 mL）、移液管等。

**2. 试剂**

浓 HCl、浓 $HNO_3$、$CHCl_3$、浓氨水、100 g · $L^{-1}$乙二胺四乙酸二钠（EDTA）溶液、2 mg · $L^{-1}$铜试剂溶液、0.02 mg · $L^{-1}$铜标准溶液等。

**3. 原料**

合金钢试样。

## 实验步骤

**1. 分解试样**

准确称取合金钢试样 0.3 g 左右置于 150 mL 烧杯中，加入 15 mL 浓 HCl、5 mL 浓 $HNO_3$，加热溶解试样，浓缩至 10 mL 左右，取下冷却后加入 30 mL EDTA，用浓氨水中和溶液 pH＝8～9，移入 100 mL 容量瓶中，加水稀释至刻度，摇匀。

**2. 萃取光度测定**

用移液管移取步骤 1 中 10.00 mL 试液于 60 mL 分液漏斗中，加入 10 mL铜试剂溶液，准确加入 20.00 mL $CHCl_3$，振荡 3～5 min 。静置分层后，分离出有机相移入比色皿中，于 435 nm 处，用试剂溶液作参比，测量吸光度。同时做空白实验。

**3. 标准工作曲线的绘制**

取铜标准溶液 0.00 mL、1.00 mL、2.00 mL、3.00 mL、4.00 mL、5.00 mL 分别置于 100 mL 烧杯中，按照萃取光度分析步骤进行测定，分别测量吸光度，并绘制标准曲线。

## 思考题

(1) 能否用量筒加入 $CHCl_3$，为什么？

(2) 能否在用浓氨水调节溶液 pH＝8～9 后，加入 EDTA 以消除 $Fe^{3+}$、$Co^{2+}$、$Ni^{2+}$ 的干扰，为什么？

# 实验 5　溶剂萃取法分离甲苯、苯胺和苯甲酸

## 实验目的

（1）熟悉多组分混合物分离的原理和方法。

（2）初步掌握分液漏斗的使用和萃取操作。

## 实验原理

甲苯为无色液体，其沸点为 110.6 ℃，密度为 0.867 $g \cdot cm^{-3}$（20 ℃）；苯胺为无色液体，沸点为 184.4 ℃，密度为 1.022 $g \cdot cm^{-3}$（20 ℃）；苯甲酸为无色晶体，沸点为 249 ℃，熔点为 122.13 ℃。

甲苯不溶于水且比水轻。苯胺与盐酸反应得到的盐酸盐可溶于水中，加碱后又可与水分层。苯甲酸与碱反应得到的盐溶于水，加酸后又可析出。本实验利用上述性质，用萃取方法将它们从混合物中分离出来，进一步精制即得到相对较纯的产品。

## 仪器与试剂

### 1. 仪器

分液漏斗（250 mL）、烧杯、锥形瓶等。

### 2. 试剂

甲苯、苯胺、苯甲酸、盐酸（4 $mol \cdot L^{-1}$）、NaOH（6 $mol \cdot L^{-1}$）、饱和碳酸

氢钠溶液等。

## 实验步骤

(1) 取混合物(大约 25 mL)放入烧杯中，充分搅拌下逐滴加入 4mol·$L^{-1}$盐酸，使混合物溶液 pH＝3，将其转移至分液漏斗中，静置，分层，水相放锥形瓶中待处理(Ⅰ)。向分液漏斗中的有机相加入适量的水，洗去附着的酸，分离弃去洗涤液，边振荡边向有机相逐滴加入饱和碳酸氢钠溶液，使 pH＝8～9，静置，分层。将有机相分出，置于一干燥的锥形瓶中。(请问该有机相是何物？该选用何种方法进一步精制？)被分出的水相置于小烧杯中(Ⅱ)。

(2) 将置于小烧杯的水相(Ⅱ)在不断搅拌下，滴加 4 mol·$L^{-1}$盐酸至溶液 pH＝3，此时有大量白色沉淀析出，过滤。(选择何法进行纯化，生成的白色沉淀是何化合物？)

(3) 将上述第一次置于锥形瓶待处理的水相(Ⅰ)，边振荡边加入6 mol·$L^{-1}$氢氧化钠，使溶液 pH＝10，静置，分层，弃去水层，将有机相置于锥形烧瓶中。(有机相是何化合物？如要进一步得到较纯的产品，该选用何法进一步精制。)

## 思考题

(1) 若分别用乙醚、氯仿、丙酮、已烷、苯作为溶剂萃取水溶液，它们将在上层还是下层？

(2) 在三组分混合物分离实验中，各组分的性质是什么？在萃取过程中发生的变化是什么？

# 实验 6　茶叶中咖啡因的微波提取工艺

## 实验目的

（1）了解微波提取法的提取原理。

（2）学会用微波提取法提取茶叶中的咖啡因。

（3）使用分光光度计，建立标准曲线，检测茶叶中咖啡因的含量。

## 实验原理

咖啡因是杂环化合物嘌呤的衍生物，它的化学名称为：1，3，7-三甲基-2，6-二氧嘌呤，其结构式如下：

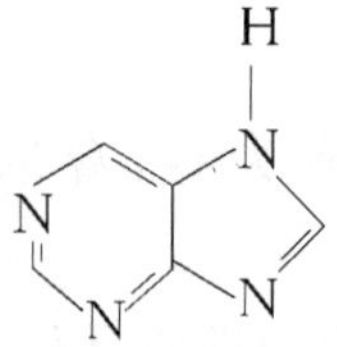

嘌呤 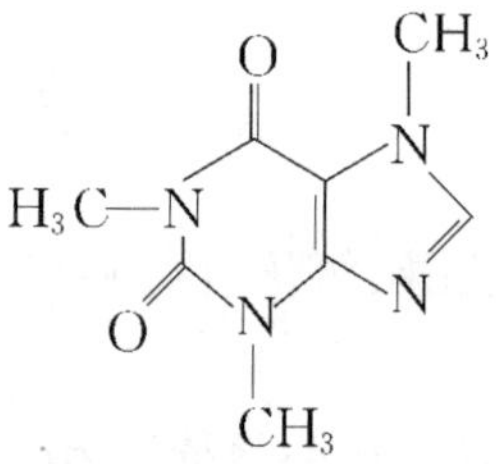　　　　咖啡因

含结晶水的咖啡因系无色针状结晶，味苦，能溶于水、乙醇、氯仿等。在 100 ℃时即失去结晶水，并开始升华，120 ℃时升华相当显著，至 178 ℃时升华很快。咖啡因（无水）的熔点为 234.5 ℃。

微波是频率介于 300 MHz 和 300 GHz 之间的电磁波。微波提取的原理是微射线辐射于溶剂并透过细胞壁到达细胞内部，由于溶剂及细胞液吸收微波能，细胞内部温度升高，压力增大，当压力超过细胞壁的承受能力时，细胞壁破裂，位于细胞内部的有效成分从细胞中释放出来，传递转移到溶剂周围被溶剂溶解。微波具有穿透力强、选择性高、加热效率高等特点。微波作用于植物细胞壁，其热效应促使细胞壁破裂和细胞膜中的酶失去活性，细胞中多糖容易突破细胞壁和细胞膜而被提取出来，大大地加快了反应提取速度、反应时间(以分、秒计)，有效地提高了咖啡因的提取速率。

## 仪器、试剂与材料

**1. 仪器**

微波萃取仪、紫外-可见分光光度计、分析天平、布氏漏斗、抽滤瓶等。

**2. 试剂**

无水乙醇、0.5 mg・mL$^{-1}$咖啡因标准溶液等。

**3. 材料**

茶叶。

## 实验步骤

### 一、制作标准曲线

从无水乙醇为溶剂的咖啡因储备液($C$=500.0 μg・mL$^{-1}$)中移取 0.50 mL、1.00 mL、1.50 mL、2.00 mL、2.50 mL、3.00 mL、3.50 mL 分别置于 7 个 50 mL 容量瓶中用 50%的乙醇定容，得到浓度为 5.00、10.00、15.00、20.00、25.00、30.00、35.00 μg・mL$^{-1}$的系列标准溶液。在紫外-可见分光光度计上测其最大吸收波长处的吸光度 $A$，得标准曲线。

### 二、咖啡因的提取

**1. 提取工艺流程**

原料→粉碎→加入溶剂→微波处理→过滤→离心→粗提液→测定吸光

度值。

## 2. 提取工艺条件优化

(1) 单因素实验:

Ⅰ 微波功率的筛选　称取5 g茶叶,加入80 mL 50%乙醇,配制5份相同的混合液,将混合液放置于微波提取仪中,设定温度为90 ℃的条件,改变微波功率(300 W、400 W、500 W、600 W、700 W)各10 min,测定不同微波功率下提取液的吸光度值$A$。

Ⅱ 微波时间的筛选　称取5 g茶叶,加入80 mL 50%乙醇,配制5份相同的混合液,将混合液放置于微波提取仪中,在设定温度为90 ℃、微波功率为500 W的条件下,微波加热不同的时间(12 min、13 min、14 min、15 min、16 min),测定不同微波时间条件下提取液的吸光度$A$。

Ⅲ 微波温度的筛选　称取5 g茶叶,加入80 mL 50%乙醇,配制5份相同的混合液,将混合液放置于微波提取仪中,设定微波时间为14 min,功率为500 W,改变微波设定温度(140 ℃、160 ℃、180 ℃、200 ℃、220 ℃)测定不同微波温度下提取液的吸光度值$A$。

Ⅳ 料液比的选择　分别取3份5 g茶叶,按料液比1∶7、1∶8、1∶9加入50%乙醇,在微波时间为14 min,功率为500 W、微波温度为180 ℃的条件下进行微波处理,测定不同料液比下提取液的吸光度值$A$。

(2) 正交试验:

| 序号 | 时间(min) | 功率(W) | 温度(℃) | 料液比 | 吸光度 |
|---|---|---|---|---|---|
| 1 | 12 | 300 | 160 | 1∶7 | |
| 2 | 12 | 400 | 180 | 1∶8 | |
| 3 | 12 | 500 | 200 | 1∶9 | |
| 4 | 14 | 400 | 180 | 1∶9 | |
| 5 | 14 | 500 | 200 | 1∶7 | |
| 6 | 14 | 300 | 160 | 1∶8 | |
| 7 | 16 | 500 | 200 | 1∶8 | |
| 8 | 16 | 300 | 160 | 1∶9 | |
| 9 | 16 | 400 | 180 | 1∶7 | |

### 三、提取率的比较与结论

对所得提取率进行比较,并得出结论。

## 注意事项

(1) 微波萃取仪的正确操作。

(2) 分光光度计的工作原理及操作注意事项。

## 思考题

(1) 本实验中,影响提取率的因素有哪些?根据自己所了解的知识思考各因素是如何影响提取率的?

(2) 咖啡因有哪些生理作用?

# 实验 7　离子交换分离法制备纯水

## 实验目的

(1) 了解离子交换法制纯水的基本原理,掌握其操作方法。

(2) 掌握水质检验的原理和方法。

(3) 巩固酸度计的使用方法,学会电导率仪的使用。

## 实验原理

离子交换法是目前广泛采用的制备纯水的方法之一,水的净化过程是在离子交换树脂上进行的。离子交换树脂是有机高分子聚合物,它是由交换剂本体和交换基团两部分组成的。例如,聚苯乙烯磺酸型强酸性阳离子交换树脂就是苯乙烯和一定量的二乙烯苯的共聚物,经过浓硫酸处理,在共聚物的苯环上引入磺酸基($—SO_3H$)而成。其中的 $H^+$ 可以在溶液中游离,并与金属离子进行交换。

$$R—SO_3H + M^+ \rightleftharpoons R—SO_3M + H^+$$

式中,R 表示聚合物的本体;$—SO_3$ 表示与本体联结的固定部分,不能游离和交换;$M^+$ 表示代表一价金属离子。

阳离子交换树脂可表示为:

本体　交换基团

$R \quad —SO_3— \,\vdots\, H^+$

起交换作用的阳离子

如果在共聚物的本体上引入各种胺基，就成为阴离子交换树脂。例如，季胺型强碱性阴离子交换树 $R—N^+(CH_3)_3OH^-$，其中 $OH^-$ 在溶液中可以游离，并与阴离子交换。

用离子交换法制纯水的原理基于树脂和天然水中各种离子间的可交换性。例如，$R—SO_3H$ 型阳离子交换树脂，交换基团中的 $H^+$ 可与天然水中的各种阳离子进行交换，使天然水中的 $Ca^{2+}$、$Mg^{2+}$、$Na^+$、$K^+$ 等离子结合到树脂上，而 $H^+$ 进入水中，于是就除去了水中的金属阳离子杂质。水通过阴离子交换树脂时，交换基团中的 $OH^-$ 具有可交换性，将 $HCO_3^-$、$Cl^-$、$SO_4^{2-}$ 等离子除去，而交换出来的 $OH^-$ 与 $H^+$ 发生中和反应，这样就得到了高纯水。

交换反应可简单表示为：

$$2R—SO_3H + Ca(HCO_3)_2 \longrightarrow (R—SO_3)_2Ca + 2H_2CO_3$$

$$R—SO_3H + NaCl \longrightarrow R—SO_3Na + HCl$$

$$R—N(CH)_3OH + NaHCO_3 \longrightarrow R—N(CH)_3HCO_3 + NaOH$$

$$R—N(CH)_3OH + H_2CO_3 \longrightarrow R—N(CH)_3HCO_3 + H_2O$$

$$HCl + NaOH \longrightarrow H_2O + NaCl$$

本实验用自来水通过混合阳、阴离子交换树脂来制备纯水。

## 仪器、试剂与材料

### 1. 仪器

电导率仪、电导电极、酸度计、离子交换柱（也可用碱式滴定管代替）等。

### 2. 试剂

$NaOH(2\ mol \cdot L^{-1})$、$HCl(2\ mol \cdot L^{-1})$、$AgNO_3(0.1\ mol \cdot L^{-1})$、$NH_3$-$NH_4Cl$缓冲溶液（pH=10）、铬黑 T 指示剂等。

### 3. 材料

717 强碱性阴离子交换树脂、732 强酸性阳离子交换树脂、玻璃纤维（棉花）、乳胶管、螺旋夹、pH 试纸等。

## 实验步骤

### 一、树脂的预处理

将 717(201×7)强碱性阴离子交换树脂用 NaOH(2 mol·$L^{-1}$)浸泡 24 h,使其充分转为 $OH^-$ 型(由教师处理)。取 $OH^-$ 型阴离子交换树脂 10 mL,放入烧杯中,待树脂沉降后倾去碱液。加 20 mL 蒸馏水搅拌、洗涤、待树脂沉降后,倾去上层溶液,将水尽量倒净,重复洗涤至接近中性(用 pH 试纸检验,pH=7～8)。

将 732(001×7)强酸性阳离子交换树脂用 HCl(2mol·$L^{-1}$)浸泡 24 h,使其充分转为 $H^+$ 型(由教师处理)。取 $H^+$ 型阳离子交换树脂 5 mL 于烧杯中,待树脂沉降后倾去上层酸液,用蒸馏水洗涤树脂,每次大约 20 mL,洗至接近中性(用 pH 试纸检验 pH=5～6)。最后,把已处理好的阳、阴离子交换树脂混合均匀。

### 二、装柱

在一支长约 30 cm,直径 1 cm 的交换柱内,下部放一团玻璃纤维,下部通过橡皮管与尖嘴玻璃管相连,用螺旋夹夹住橡皮管,将交换柱固定在铁架台上(见图 1)。在柱中注入少量蒸馏水,排出管内玻璃毛和尖嘴中的空气,然后将已处理并混合好的树脂与水一起,从上端逐渐倾入柱中,树脂沿水下沉,这样不致带入气泡。若水过满,可打开螺旋夹放水,当上部残留的水达 1 cm 时,在顶部也装入一小团玻璃纤维,防止注入溶液时将树脂冲起。在整个操作过程中,树脂要一直保持被水覆盖。如果树脂床中进入空气,会产生偏流使交换效率降低,若出现这种情况,可用玻璃棒搅动树脂层赶走气泡。(另一种树脂交换装置见图 2)

### 三、纯水制备

将自来水慢慢注入交换柱中,同时打开螺旋夹,使水成滴流出(流速 1～2

d/s)，等流过约 10 mL 以后，截取流出液做水质检验，直至检验合格。

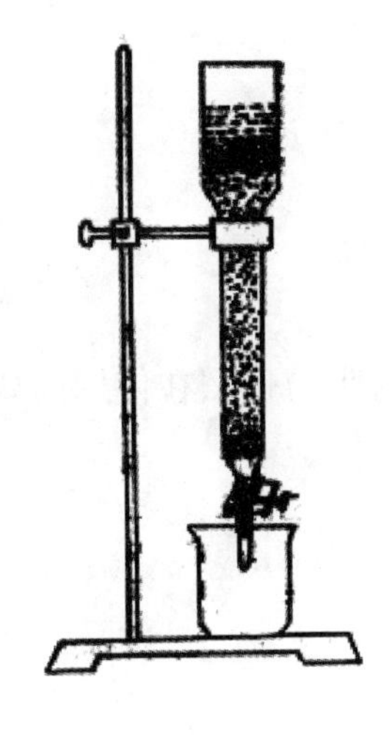

图 1　混合离子交换柱

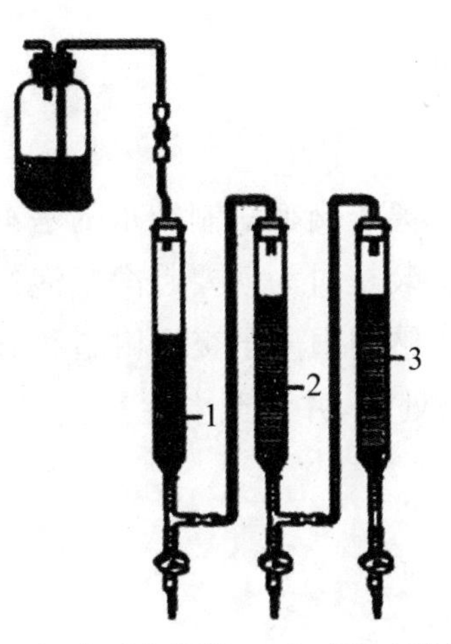


1. 阳离子交换柱　2. 阴离子交换柱
3. 混合离子交换柱

图 2　另一种离子交换制水装置

## 四、水质检验

### 1. 化学检验

检验 $Ca^{2+}$、$Mg^{2+}$：分别取 5 mL 交换水和自来水，各加入 3～4 d $NH_3$-$NH_4Cl$ 缓冲液及 1 d 铬黑 T 指示剂，观察现象。

检验 $Cl^-$：分别取 5 mL 交换水和自来水，各加入 1 d 5 $mol \cdot L^{-1}$ $HNO_3$ 和 1 d 0.1 $mol \cdot L^{-1}$ $AgNO_3$ 溶液，观察现象。

### 2. 物理检验

电导率测定：用电导率仪分别测定交换水和自来水的电导率。

水中杂质离子越少，水的电导率就越小，用电导仪测定电导率可间接表示水的纯度。习惯上用电阻率（即电导率的倒数）表示水的纯度。

理想纯水有极小的电导率。其电阻率在 25 ℃时为 $1.8\times10^7$ $\Omega\cdot cm$（电导率为 0.056 $\mu S\cdot cm^{-1}$）。普通化学实验用水在 $1.0\times10^5$ $\Omega\cdot cm$（电导率为 10 $\mu S\cdot cm^{-1}$），若交换水的测定达到这个数值，即为合乎要求。

pH 测定：用酸度计分别测定交换水和自来水的 pH。

## 思考题

（1）离子交换法制纯水的基本原理是什么？

（2）装柱时为何要赶净气泡？

（3）钠型阳离子交换树脂和氯型阴离子交换树脂为什么在使用前要分别用酸、碱处理，并洗至中性？

# 实验8　薄层色谱法分离食品中的苯甲酸钠和山梨酸钾

## 实验目的

(1) 学习用薄层色谱法分离食品中苯甲酸、山梨酸的基本原理。

(2) 掌握薄层色谱法的基本操作技术。

## 实验原理

试样酸化后，用乙醚提取苯甲酸、山梨酸。将试样提取液浓缩，点于聚酰胺薄层板上，展开。显色后，根据薄层板上苯甲酸、山梨酸的比移值与标准比较定性，并可进行半定量。

## 仪器与试剂

**1. 仪器**

吹风机、层析缸、玻璃板(10 cm×18 cm)、微量注射器(10 μL、100 μL)、喷雾器等。

**2. 试剂**

异丙醇、正丁醇、石油醚(沸程 30～60 ℃)、乙醚(不含过氧化物)、氨水、无水乙醇、聚酰胺粉(200 目)、无水硫酸钠、盐酸(取 100 mL 盐酸，缓慢倾入水中，并稀释至 200 mL)等；

氯化钠酸性溶液(于氯化钠溶液(40 g・$L^{-1}$)中加入少量盐酸酸化)；

展开剂如下：正丁醇＋氨水＋无水乙醇(7∶1∶2)、异丙醇＋氨水＋无水乙醇(7∶1∶2)；

山梨酸标准溶液：准确称取 0.200 0 g 山梨酸，用少量乙醇溶解后移入 100 mL 容量瓶中，并稀释至刻度，此溶液每毫升相当于 2.0 mg 山梨酸；

苯甲酸标准溶液：准确称取 0.200 0 g 苯甲酸，用少量乙醇溶解后移入 100 mL 容量瓶中，并稀释至刻度，此溶液每毫升相当于 2.0 mg 苯甲酸；

显色剂：称取溴甲酚紫 0.04 g 以(50%)乙醇溶解并稀释至 100 mL，用 NaOH 溶液(4 g·$L^{-1}$)调至 pH=8。

## 测定步骤

### 一、样品提取

称取 2.50 g 事先混合均匀的样品，置于 25 mL 带塞量筒中，加 0.5 mL 盐酸酸化，用 10 mL 乙醚提取两次，每次振摇 1 min，将上层乙醚提取液吸入另一个 25 mL 带塞量筒中；合并乙醚提取液；用 3 mL 氯化钠酸性溶液(40 g·$L^{-1}$)洗涤两次，静止 15 min，用滴管将乙醚层通过无水硫酸钠滤入 25 mL 容量瓶中；加乙醚至刻度，混匀；准确吸取 5 mL 乙醚提取液于 5 mL 带塞刻度试管中，置 40 ℃水浴上挥干，加入 2 mL 石油醚和乙醚混合溶剂溶解残渣，备用。

### 二、样品测定

#### 1. 薄层板的制备

称取 1.6 g 聚酰胺粉，加 0.4 g 可溶性淀粉和 15 mL 水，研磨 3～5 min，立刻倒入涂布器内制成 10 cm×18 cm、厚度 0.3 mm 的薄层板两块，室温干燥后，再于 80 ℃环境中干燥 1 h，取出，置于干燥器中保存。

#### 2. 点样

在薄层板下端 2 cm 的基线上，用微量注射器点 10 μL、20 μL 试样液，同时各点 10 μL、20 μL 山梨酸、苯甲酸标准溶液。

**3. 展开与显色**

将点样后的薄层板放入预先盛有展开剂的展开槽内，周围贴有滤纸，待溶剂前沿上展至 10 cm 处，取出挥干，喷显色剂，斑点成黄色，背景为蓝色。将试样中所含山梨酸、苯甲酸的量与标准斑点比较定量（山梨酸、苯甲酸的比移值依次为 0.82、0.73）。

## 结果计算

试样中苯甲酸或山梨酸的含量按下式进行计算：

$$X = \frac{A \times 1\,000}{m \times \frac{10}{25} \times \frac{V_2}{V_1} \times 1\,000}$$

式中，$X$ 为试样中苯甲酸或山梨酸的含量，单位为克每千克（$g \cdot kg^{-1}$）；$A$ 为测定用试样液中苯甲酸或山梨酸的质量，单位为毫克（mg）；$V_1$ 为加入乙醇的体积，单位为毫升（mL）；$V_2$ 为测定时点样的体积，单位为毫升（mL）；$m$ 为试样质量，单位为克（g）；10 为测定时吸取乙醚提取液的体积，单位为毫升（mL）；25 为试样乙醚提取液总体积，单位为毫升（mL）。

## 注意事项

（1）层析用的溶剂系统不可存放太久，否则浓度和极性都会变化，影响分离效果，应新鲜配制。

（2）在展开之前，展开剂在缸中应预先平衡 1 h，使缸内蒸气压饱和，以免出现边缘效应。

（3）展开剂液层高度不能超过原线高度，约在 0.5～1 cm，展开至上端，待溶剂前沿上展至 10 cm 时，取出挥干。

（4）在点样时最好用吹风机边点边吹干，在原线上点，直至点完一定量，且点样点直径不超过 2 mm。

## 思考题

(1) 样品处理时,酸化的目的是什么?

(2) 薄层板制备前如何进行预处理?为什么?

(3) 你对薄层色谱法测定食品中苯甲酸、山梨酸的实验有什么体会?

# 实验 9　植物色素的提取及色谱分离

## 实验目的

（1）了解从植物中提取天然色素的原理和方法。

（2）掌握分液漏斗的使用和萃取操作。

## 实验原理

绿色植物的茎、叶中含有胡萝卜素等色素。植物色素中的胡萝卜素 $C_{40}H_{56}$ 有三种异构体，即 α-、β-和 γ-胡萝卜素，其中 β-体含量较多，也最重要。β-体具有维生素 A 的生理活性，其结构是两分子的维生素 A 在链端失去两分子水结合而成的，在生物体内 β-体受酶催化氢即形成维生素 A，目前 β-体亦可工业生产，可作为维生素 A 使用。叶绿素 a（$C_{55}H_{72}MgN_4O_5$）和叶绿素 b（$C_{55}H_{70}MgN_4O_5$），它们都是吡咯衍生物与金属镁的络合物，是植物光合作用所必需的催化剂。

## 仪器、试剂与材料

### 1. 仪器

分液漏斗（250 mL）、研钵、锥形瓶、酸式滴定管等。

### 2. 试剂

正丁醇、苯、丙酮、石油醚（60～90 ℃）、乙醇（95%）、1%羧甲基纤维素钠水溶液等。

**3. 材料**

绿色植物叶(5 g)、硅胶 G、中性氧化铝。

## 实验步骤

### 一、色素的提取

(1) 取 5 g 新鲜的绿色植物叶子在研钵中捣烂,用 30 mL(2∶1)的石油醚-乙醇分几次浸取。

(2) 把浸取液过滤,滤液转移到分液漏斗中,加等体积的水洗涤一次,洗涤时要轻轻振荡,以防止乳化,弃去下层的水-乙醇层。

(3) 再用等体积的水洗石油醚层两次,以除去乙醇和其他水溶性物质。

(4) 将有机相用无水硫酸钠干燥后转移到另一锥形瓶中保存,取一半做柱层析分离,其余留作薄层分析使用。

### 二、色素的分离

**1. 柱层析分离**

用 25 mL 酸式滴定管,20 g 中性氧化铝装柱。先用 9∶1 石油醚-丙酮脱洗,当第一个橙黄色带流出时,换一接收瓶接收,橙黄色带流出物是胡萝卜素,约用洗脱剂 50 mL(若流速慢,可用水泵稍减压)。换用 7∶3 石油醚-丙酮洗脱,当第二个棕黄色带流出时,换一接收瓶接收,此时的流出物是叶黄素,约用洗脱剂 200 mL。再换用 3∶1∶1 正丁醇-乙醇-水洗脱,分别接收叶绿素 a(蓝绿色)和叶绿素 b(黄绿色),约用洗脱剂 30 mL。

**2. 薄层层析分析**

在 $10 \times 4\ cm^2$ 的硅胶板上,分离后的胡萝卜素点样用 9∶1 石油醚-丙酮展开,可出现 1～3 个黄色斑点。分离后的叶黄素点样,用 7∶3 石油醚-丙酮展开,一般可呈现 1～4 个点。取 4 块板,一边用色素提取液点,另一边分别点柱层分离后的 4 个试液,用 8∶2 苯-丙酮展开,或用石油醚展开,观察斑点的位置并排列出胡萝卜素，叶绿素和叶黄素的 $R_f$ 值大小的次序。

注意：叶绿素会出现两点(叶绿素 a，叶绿素 b)。叶黄素易溶于醇而在石油醚中溶解度小，从嫩绿叶中得到提取液，叶黄素会显得很少。

## 注意事项

注意薄层色谱、柱层析实验操作要点的掌握和应用。

## 思考题

(1) 如何利用 $R_f$ 值来鉴定化合物?

(2) 用薄层色谱法点样应注意些什么?

(3) 常用的薄层色谱的显色剂是什么?

# 实验 10　纸色谱法分离无机离子 Co(Ⅱ)、Cu(Ⅱ)、Fe(Ⅲ)、Ni(Ⅱ)

## 实验目的

（1）掌握纸上色谱的分离原理。

（2）了解 $Cu^{2+}$、$Fe^{3+}$、$Co^{2+}$、$Ni^{2+}$ 四种离子的纸上色谱分离及鉴定。

## 实验原理

纸层析是用滤纸作支持物，以纸上吸附的水作为固定相，与水不相容的有机溶剂作为流动相，当流动相在纸上展开时，物质就在水和有机溶剂之间反复分配，从使而分配系数各不相同的组分得以分离。经分离展开后的组分可用不同的方法检出，并根据 $R_f$ 值与纯物质对照进行鉴定。

## 仪器、试剂与材料

### 1. 仪器

培养皿、玻璃板（辐射法用）一副、点滴板、毛细管、喷雾器、氨熏箱等。

### 2. 试剂

$Cu^{2+}$：38.0 g $Cu(NO_3)_2 \cdot 3H_2O$ 溶于 1 L 水中；

$Fe^{3+}$：71.5 g $Fe(NO_3)_3 \cdot 9H_2O$ 溶于 1 L 水中；

$Co^{2+}$：50.0 g $Co(NO_3)_2 \cdot 6H_2O$ 溶于 1 L 水中；

$Ni^{2+}$：50.0 g $Ni(NO_3)_2 \cdot 6H_2O$ 溶于 1 L 水中；

0.1%二硫代二乙酰胺的酒精溶液：溶解二硫代二乙酰胺 0.5 g 于 100 mL 95%酒精中；

展开剂：丙酮∶盐酸∶水＝87∶8∶5($V/V$)；

未知试液：将配制好的 $Cu^{2+}$、$Fe^{3+}$、$Co^{2+}$、$Ni^{2+}$ 试液任选三种等体积混合；

浓氨水。

**3. 材料**

层析纸。

## 实验步骤

**1. 点样**

将 15×15 的层析纸如图 1 剪开，在离中心 1 cm 的圆周上点样。点样方法可用毛细管吸取试样后，将毛细管垂直，轻轻地接触滤纸，让试样缓慢地在纸上扩散。扩散后的斑点直径不应超过 5 mm。

**2. 展开**

在培养皿中倒入少量配好的展开剂(丙酮∶盐酸∶水＝87∶8∶5 $V/V$)，将有孔的玻璃板盖在培养皿上，使滤纸剪开的纸芯穿过玻璃板中心孔浸入展开剂中，滤纸则平铺在玻璃板上，再盖上另一块玻璃板，如图 2 所示。依靠毛细管效应，展开剂沿着纸芯上升，并呈辐射状自圆心向外展开，待溶剂前沿扩展到近纸边时，移开上面的玻璃板，立即用铅笔划出溶剂前

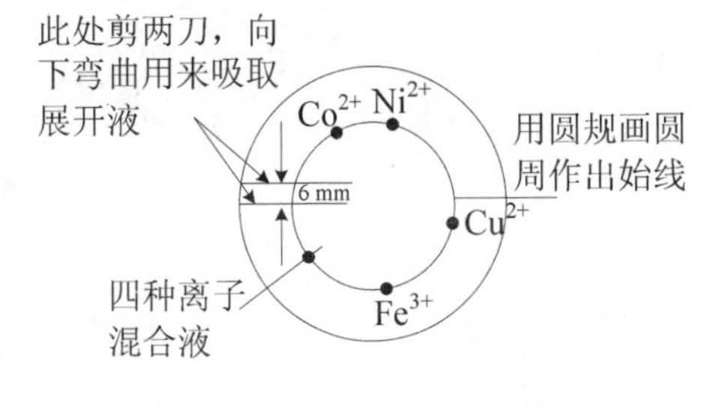


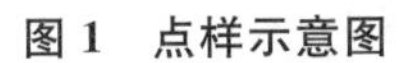
图 1 点样示意图

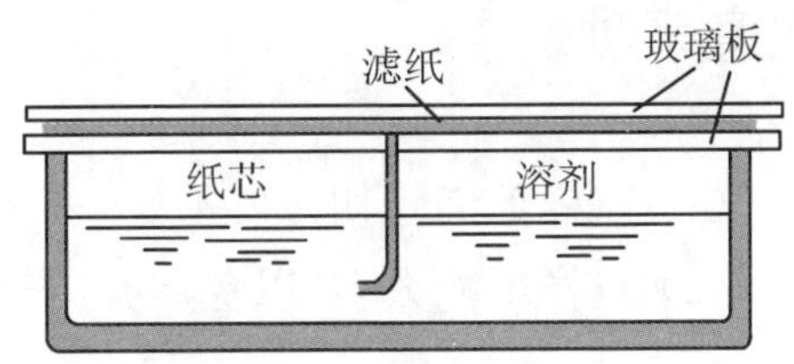


图 2 展开装置

沿线，取下滤纸。

**3. 显色**

将滤纸放在氨熏箱中熏，取出，并用0.1%二硫代二乙酰胺的酒精溶液喷雾显色，会出现自圆心到外层的色带，依次为$Ni^{2+}$呈蓝色斑，$Co^{2+}$呈黄色斑，$Cu^{2+}$呈绿色带和$Fe^{3+}$呈淡棕色带。计算各斑点的$R_f$值，未知液与之相比即可检出为何种离子。

## 结果计算

计算公式：

$$R_f=\frac{\text{原点到斑点中心的距离}}{\text{原点到溶剂前沿的距离}}$$

实验数据处理：

| | $Ni^{2+}$ | $Co^{2+}$ | $Cu^{2+}$ | $Fe^{3+}$ | 未知液 $Cu^{2+}$、$Fe^{3+}$、$Co^{2+}$、$Ni^{2+}$ |
|---|---|---|---|---|---|
| 斑点颜色 | | | | | |
| 溶剂移动距离(cm) | | | | | |
| 斑点移动距离(cm) | | | | | |
| $R_f$ | | | | | |
| 结论 | | | | | |

## 注意事项

(1) 点样毛细管切口要平。

(2) 点样不能太多，以免展开后斑点扩散。

## 思考题

（1）纸层析的原理是什么？主要步骤如何？

（2）什么是辐射法展开？如何进行？

（3）氨熏所起的作用是什么？

（4）本实验中二硫代二乙酰胺起什么作用？

# 实验 11　醋酸纤维薄膜电泳法分离蛋白质

## 实验目的

（1）掌握醋酸纤维薄膜电泳法分离血清蛋白的操作原理与技术。

（2）了解醋酸纤维薄膜电泳法分离血清蛋白的临床意义。

## 实验原理

带电粒子在电场中向着与其电荷相反的电极方向移动的现象称为电泳。蛋白质为两性电解质，在不同 pH 下，其带电情况不同。在等电点时，蛋白质为兼性离子，其实效电荷为零，不发生泳动。蛋白分子在 pH 小于其等电点的溶液中，呈碱式解离带正电向负极泳动。在 pH 大于其等电点的溶液中，呈酸式解离带负电，泳向正极。带电粒子在电场中的泳动速度常用迁移率(Mobility)来表示。它除与电场强度、溶液的性质等有关外，主要决定于分子颗粒的电荷量以及其分子的大小与形状等。电荷较多，分子较小的球状蛋白质泳动较快。

血清中的 5 种蛋白质的等电点大部分低于 pH7.0，故在 pH 为 8.6 的缓冲液中，血清中的各种蛋白质均带负电荷，在电场中向正极移动。由于各种蛋白质的等电点不同，带电荷量不等，加之分子量不同，导致其在电场中的泳动速度不同，从而加以分离。清蛋白泳动最快，其次为 $\alpha_1$、$\alpha_2$、β 及 γ 球蛋白。将蛋白质固定染色后，洗去多余染料，可看到清晰的色带（如图 1）。将各色带剪开，分别溶于碱性液中，可进行比色分析，计算出各种蛋白质的百分含量，或用吸光度计进行扫描定量。

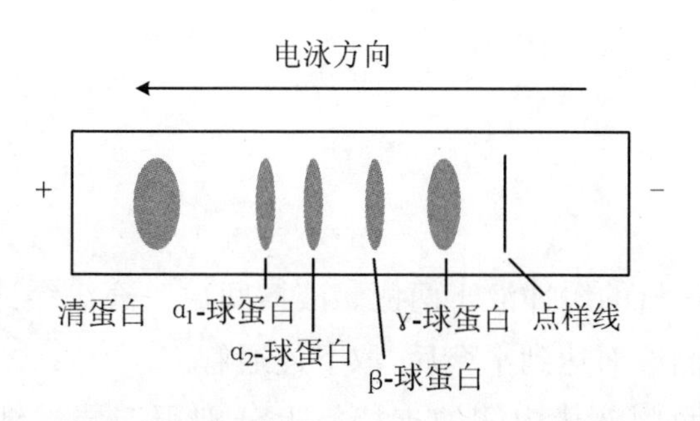


**图 1　正常人血清蛋白醋酸纤维薄膜电泳示意图谱**

## 仪器、试剂与材料

### 1. 仪器

电泳仪(稳压器、电泳槽)、分光光度计、点样器(1.4× 1.8 cm 的 X 光片)等。

### 2. 试剂

pH 为 8.6 的 0.06M 巴比妥缓冲液:取巴比妥 1.62 g,巴比妥钠 12.38 g,用蒸馏水加热溶解冷却后加至 1 000 mL。测试 pH,若 pH 偏离 8.6,可用 1 mol·$L^{-1}$ HCl 或 NaOH 校正;

染色液(任选其一):

(1) 氨基黑 10B 1 g,三氯醋酸 13.4 g,磺柳酸 13.4 g,蒸馏水加至1 000 mL;

(2) 丽春红 2R 0.8 g,溶于 6% 三氯醋酸 100 mL 中;

漂洗液:

(1) 3%冰醋酸溶液(用于氨基黑染色);

(2) 2.5%醋酸溶液(用于丽春红染色);

洗脱液:0.4 mol·$L^{-1}$ NaOH 溶液;

透明液:冰醋酸 30 mL、无水乙醇 70 mL、醋酸乙酯 1 mL 混匀。

### 3. 材料

血清(放置于载玻片上)、醋酸纤维薄膜(2 cm×8 cm)等。

## 实验步骤

### 1. 准备

电泳槽内放适量的缓冲液于两侧。液槽间放一充满缓冲液的连通管，经过一定时间使两侧液面达到平衡后，取下连通管。

在电泳槽的两侧液槽内侧的支持板上分别用四层滤纸（或纱布）搭桥。即将其一端搭到支持板上，另一端浸入缓冲液中。

在醋酸纤维薄膜（2 cm×8 cm）的无光泽面距一端 1.5 cm 处，用铅笔画一线（与此端平行），作为点样线。把膜放进缓冲液中浸泡数小时，使膜完全浸透。

### 2. 点样

用点样器均匀蘸取血清后，垂直将血清点在薄膜的点样线上，使血清全部渗入膜内。

### 3. 电泳

将点样后的膜条置于电泳槽架上。放置时点样面向下，点样端置于阴极侧。槽架上的四层滤纸作桥垫，膜条与滤纸需贴紧，膜条要拉展。约平衡 5 min 后通电，电压为 $6\ V \cdot cm^{-1}$ 长（长指膜条与缓冲液面上的滤纸桥总长度），电流为 $0.4 \sim 0.8\ mA \cdot cm^{-1}$ 宽，夏季通电约 45 min，冬季通电约 1 h。然后关闭电源。

### 4. 染色与漂洗

通电毕，用无齿小镊子将膜取出并水平移于染色液中固定染色，2～5 min 后取出立即浸入盛有漂洗液的培养皿中，反复漂洗数次，直至背景无色为止。用滤纸吸干多余的漂洗液，此时可见界限清晰的五条区带（氨基黑染色为蓝黑色区带，丽春红染色为红色区带），最前面的一条为清蛋白带。

### 5. 定量分析

取试管 6 支，编号，分别用吸量管吸取 $0.4\ mol \cdot L^{-1}$ NaOH 4 mL。剪开薄膜上各条蛋白色带，另于空白部位剪一相同大小的薄膜条，将各条分别浸于上述试管内，不时摇动，使颜色洗出。约半小时后用分光光度计进行比色，氨基 10B 染色者，选用 620 nm 波长，丽春红染色者选 580 nm 波长。用空白管调“0”，分别读取各管吸光度值之和作为 100%，求出每管吸光度值占总吸光度值的百分数，即该种蛋白质占血清蛋白的百分比含量。

另外，如用吸光度计扫描，需要先使膜透明化。可把染色后干燥的薄膜放透明液中 10～20 min，取出贴到玻璃板上放干，得到透明薄膜。可用吸光度扫描计描记出电泳曲线，亦可据此算出各蛋白百分数。正常血清蛋白的等电点、分子量及含量见表 1 。

**表 1　正常血清蛋白的等电点、分子量及含量**

| 血清蛋白质 | 等电点 | 分子量 | 占总蛋白（%） |
|---|---|---|---|
| 清蛋白 | 4.64 | 69 000 | 57%～72% |
| $\alpha_1$-球蛋白 | 5.06 | 20 000 | 2%～5% |
| $\alpha_2$-球蛋白 | 5.06 | 300 000 | 4%～9% |
| β-球蛋白 | 5.12 | 90 000～120 000 | 6.5%～12% |
| γ-球蛋白 | 6.85～7.3 | 156 000～950 000 | 12%～20% |

血清蛋白电泳的结果有一定的临床意义。肝硬化患者的清蛋白明显降低，而 γ-球蛋白可增高 2～3 倍；而肾病综合征和慢性肾小球肾炎的患者的清蛋白降低，$\alpha_2$-球蛋白和 β-球蛋白增高。从电泳谱上亦可查出某些异常，例如多发性骨髓瘤病人血清，有时在 β-球蛋白和 γ-球蛋白之间出现巨球蛋白；原发性肝癌病人血清在清蛋白与 $\alpha_1$-球蛋白之间可见到甲胎蛋白。

## 注意事项

(1) 点样线要细窄、均匀、集中，量不宜过多，保持薄膜清洁。

(2) 盐桥及醋纤膜要放置平整，保证电场均匀。

(3) 严格控制好电流、电压与电泳时间。电压高，电流强度大，则电泳快，电泳时间虽可缩短，但其产热多，薄膜上水分蒸发也多，严重时会使图谱短而不清晰；相反，电流、电压过低，电泳所需时间延长，由于样品的扩散，也不能获得良好的图谱。一般气温低时，可用较大的电流、电压；气温高时，则宜用较低的电流、电压。

## 思考题

（1）为什么薄膜的点样面朝下、点样端置于阴极？
（2）用醋酸纤维薄膜作为电泳的支持物有何优点？

# 实验 12　超滤法分离明胶蛋白水溶液

## 实验目的

(1) 熟悉超滤的基本原理、板式超滤器的结构及基本流程。

(2) 了解超滤过程中的影响因素如温度、压力、流量及物料分子量等因素对超滤通量的影响。

(3) 了解超滤器污染的原因及其对策。

## 实验原理

超滤的技术原理近似机械筛分。当溶液体系由水泵进入超滤器时，在超滤器内的膜表面发生分离，溶剂(水)和其他小分子溶质透过具有不对称微孔结构的滤膜，大分子溶质和微粒(如蛋白质、病毒、细菌、胶体等)被滤膜截留(如图 1)。从而达到分离和纯化的目的。

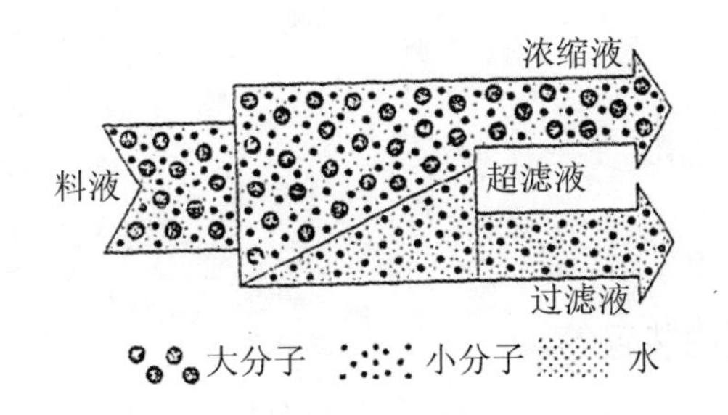


**图 1　超滤技术原理示意图**

一般来说，以截留分子量来间接地反映超滤膜孔径的大小，具体做法是：通过测定具有相似化学性质的不同分子量的一系列化合物的截留率所得的曲线，根据该曲线求得截留率大于 90%的分子量即为截留分子量（如图 2）。

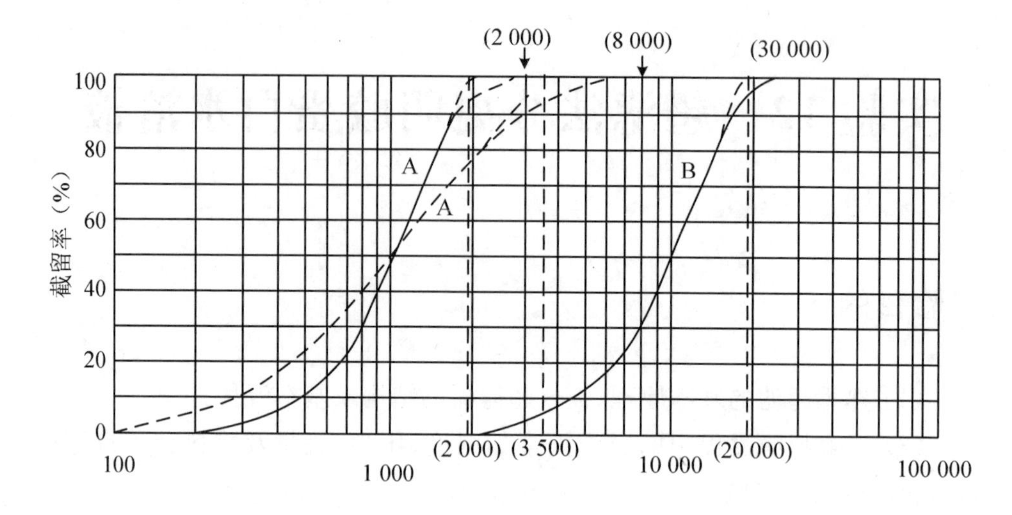


**图 2　超滤截留分子量曲线**

通常截留分子量在 500～$10^6$ 间的膜分离过程称为超滤。表征超滤膜性能的参数除截留分子量外，还有截留率和膜的纯水通量。截留率是指对一定分子量的物质来说，膜所能截留的程度，其定义为：

$$R=\frac{C_f-C_p}{C_f}$$

式中，$C_f$为料液的浓度，$C_p$为超滤液的浓度。膜的纯水通量是指料液为纯水时，单位时间透过纯水的体积，一般是在 0.13～0.3 $MP_a$ 压力下测定的。

## 仪器与试剂

### 1. 仪器

实验型板式超滤装置等。

### 2. 试剂

明胶蛋白：将市售固体颗粒，用冷水溶胀，温水溶解稀释后成 2%的水溶液备用。

## 实验装置

图 3 为本实验的流程，料液先放入料液槽，由泵供给，旁路阀 3 用以调节进料流量，用出口阀 4 调节进出口压力，料液泵入系统后，超滤液用一排塑料收集管收集，截留液进入料液槽循环。

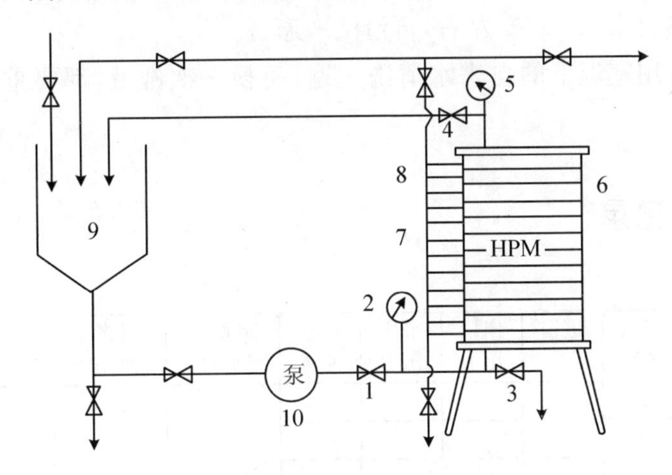


**图 3　超滤实验装置连接示意图**

1. 进口阀　2. 进口压力表　3. 旁路阀　4. 出口阀　5. 出口压力表
6. 板式超滤器主体　7. 滤出软管　8. 滤出总管　9. 贮液槽　10. 多级离心泵

## 实验步骤

(1) 关闭进口阀 1，向料液槽中加入一定量的自来水(水位高于泵体，足够用于整个系统循环)，打开泵的排气孔，排出泵内空气后，再拧紧。

(2) 合上电源，启动泵，打开出口阀 4，并半开进口阀 1，然后从小到大不断关闭出口阀，使出口压力表的读数由小到大发生变化(注意不能超过压力表的量程范围)，每改变一次压力，记下纯水的通量(用量筒量取透过膜的纯水的体积，并记下时间)。

(3) 测定完毕后，先打开出口阀，再关闭进口阀，停止进料泵。

(4) 在料液槽内加入适量的明胶，使料液中明胶的浓度大致为 0.5% 左右，重复上述1～4步骤，并记下超滤通量，观察其有何变化（为什么?），实验结束前，分别取料液、超滤液、截留液各200 mL。

(5) 实验结束后，要对组件进行清洗，洗涤时，进口压力约在0.2 MPa，操作过程同1～4步骤，使清洗液在系统内循环，清洗程序为。

① 用热自来水（40 ℃左右）清洗一遍。

② 用0.1 mol・$L^{-1}$ NaOH水溶液清洗一遍。

③ 用热自来水（40 ℃左右）再清洗一遍。

④ 最后用室温下的自来水清洗一遍（每换一次洗液，都要重复1～4步骤）。

## 实验数据记录

| 料液 | 实验序号 | 进口压力 | 出口压力 | 平均压力 | 纯水通量 | 明胶超滤液能量 | 超滤液明胶浓度 | 截留液明胶浓度 |
|---|---|---|---|---|---|---|---|---|
| 纯水溶液 | 1 | | | | | | | |
| | 2 | | | | | | | |
| | 3 | | | | | | | |
| | 4 | | | | | | | |
| | 5 | | | | | | | |
| | 6 | | | | | | | |
| | 7 | | | | | | | |
| 明胶水溶液 | 1 | | | | | | | |
| | 2 | | | | | | | |
| | 3 | | | | | | | |
| | 4 | | | | | | | |

## 注意事项

(1) 在实验过程中，进料槽内的液体不能降低到使进料泵吸入空气的水平高度，吸入空气会使泵及膜受到损坏。

（2）所使用的压力不能超过表的读数范围，应控制在 0.6 MPa 以内。

（3）应遵循：开时，先开电源，再开进口阀；关时，先关进口阀，再关电源的原则。

（4）明胶先溶于热水中，再稀释，料液槽内应为均一的溶液，不能有不溶物，否则泵易受损。

# 实验 13　浮选法分离处理矿物

## 实验目的

（1）了解浮选实验装置的结构、原理及操作过程，学习浮选实验的基本操作过程。

（2）观察、分析浮选过程的现象。

## 实验原理

矿物表面物理化学性质-疏水性差异是矿物浮选的基础。表面疏水性不同的颗粒其亲气性不同，通过适当的途径改变或强化矿浆中目的矿物与非目的矿物之间的表面疏水性差异，以气泡作为分选、分离载体的分选过程即浮选。浮选过程一般包括以下几个过程：

（1）矿浆准备与调浆：即借助某些药剂的选择性吸附，增加目的矿物的疏水性与非目的矿物的亲水性。一般通过添加目的矿物捕受剂或非目的矿物抑制剂来实现；有时还需要调节矿浆的 pH、温度等其他条件，为后续的分选提供对象和有利条件。

（2）形成气泡：气泡的产生往往通过向添加有适量起泡剂的矿浆中充气来实现，形成颗粒分选所需的气-液界面和分离载体。

（3）气泡的矿化：矿浆中的疏水性颗粒与气泡发生碰撞、附着，形成矿化气泡。

（4）形成矿化泡沫层、分离：矿化气泡上升到矿浆的表面，形成矿化泡沫层，并通过适当的方式刮出后即为泡沫精矿，而亲水性的颗粒则保留在矿浆中成为尾矿。

## 仪器、试剂与材料

### 1. 仪器

5 L 实验室用浮选机 1 台、微量注射器 2 支、可控温烘箱 1 台、瓷盆 4 个等。

### 2. 试剂

浮选药剂适量(具体视试样种类而定)等。

### 3. 材料

1 kg 入浮试样。

## 实验步骤

(1) 学习操作规程,熟悉设备结构,了解操作要点;试运转,确保人机安全和实验顺利进行。

(2) 检查、清洗浮选槽并安装就位。

(3) 称取所需试样,计算药剂量。

(4) 将试样置入烧杯加少量水搅拌,使矿样充分润湿后全部加入浮选槽,并采用该烧杯向浮选槽中加水至第一道刻度线。

(5) 关闭进气阀,开动搅拌机开关;待矿浆搅拌均匀后,加水至第 2 道刻度线。

(6) 向矿浆中加入所需用量的捕受剂,搅拌 2 min。

(7) 向矿浆中加入所需用量的起泡剂,搅拌 30 s 后,打开充气开关向矿浆中充气,随即开启刮泡机刮取泡沫并全部接取。

(8) 随着浮选的进行,浮选槽中的液位会逐渐降低,为了保证均匀刮泡,需要用洗瓶不断补加清水,同时冲洗黏附在搅拌轴、槽壁上的颗粒。清水补加量以不积压泡沫、不刮水为准。

(9) 待无泡沫或泡沫基本为水泡后,关闭充气阀,停机。将边壁黏附的颗粒冲入槽中,溢流口及刮子上的颗粒冲入精矿;排出槽中尾矿。

(10) 将分选产品过滤、脱水；烘干(不超过 75 ℃)至恒重；冷却至室温后称重，并制样、分析化验。

(11) 清理实验设备、整理实验场所。

(12) 处理实验数据与实验报告。

(13) 将实验数据记录于下表(以煤泥浮选为例)。

<table>
<tr><td rowspan="2">实验条件</td><td>入料浓度<br>(g·L$^{-1}$)</td><td>起泡剂<br>(g·t$^{-1}$)</td><td>捕收剂<br>(g·t$^{-1}$)</td><td>充气量<br>(m$^3$·(m$^2$·min)$^{-1}$)</td><td>主轴转速<br>(r·min$^{-1}$)</td></tr>
<tr><td></td><td></td><td></td><td></td><td></td></tr>
<tr><td rowspan="5">分选结果</td><td>产品</td><td colspan="2">重量(g)</td><td>产率(%)</td><td>灰分(%)</td></tr>
<tr><td>精矿</td><td colspan="2"></td><td></td><td></td></tr>
<tr><td>尾矿</td><td colspan="2"></td><td></td><td></td></tr>
<tr><td>合计</td><td colspan="2"></td><td></td><td></td></tr>
<tr><td>误差</td><td colspan="2"></td><td></td><td></td></tr>
</table>

## 思考题

(1) 为什么在搅拌调浆阶段不应充气？

(2) 简述捕受剂和起泡剂的作用机理。

(3) 如果将干试样直接倒入浮选槽中可能发生什么现象？

(4) 简述浮选药剂的种类与作用。

# 实验 14　超临界二氧化碳流体萃取植物油

## 实验目的

（1）了解超临界二氧化碳流体萃取植物油的基本原理。

（2）掌握超临界二氧化碳流体萃取装置的操作技术。

## 实验原理

超临界萃取技术是现代化工分离中出现的最新学科，是国际上刚刚兴起的一种先进的分离工艺。所谓超临界流体是指热力学状态处于临界点 $CP$（$Pc$、$Tc$）之上的流体，临界点是气-液界面刚刚消失的状态点，超临界流体具有十分独特的物理化学性质，它的密度接近于液体，黏度接近于气体，而扩散系数大、黏度小、介电常数大等特点，使其分离效果较好，是很好的溶剂。超临界萃取即在高压、合适温度条件下在萃取缸中溶剂与被萃取物接触，溶质扩散到溶剂中，再在分离器中改变操作条件，使溶解物质析出以达到分离目的的过程。

超临界装置由于选择了 $CO_2$ 介质作为超临界萃取剂，使其具有以下特点：

（1）操作范围广，便于调节。

（2）选择性好，可通过控制压力和温度，有针对性地萃取所需成分。

（3）操作温度低，在接近室温条件下进行萃驭，这尤其适宜热敏性成分，萃取过程中排除了有遇氧氧化和见光反应的可能性，萃取物能够保持其自然状态。

(4) 从萃取到分离一步完成，萃取后的$CO_2$不残留在萃取物上。

(5) $CO_2$无毒、无味、不燃、价廉易得，且可循环使用。

(6) 萃取速度快。

近几年来，超临界萃取技术在国内外得到迅猛发展，先后在啤酒花、香料、中草药、油脂、石油化工、食品保健等领域实现了工业化。

## 仪器、试剂与材料

### 1. 仪器

超临界二氧化碳流体萃取装置、天平、水浴锅、筛子、烘箱、粉碎机、索氏提取器、阿贝折光仪、带温度计塞的密度瓶(25 mL 或 50 mL)，罗维朋比色计。

### 2. 试剂

二氧化碳气体(纯度≥99.9%)、无水乙醇(分析纯)、氢氧化钠(分析纯)、无水乙醚等。

### 3. 材料

山核桃仁、松子、葵花子、一次性塑料口杯、封口膜、滤纸等。

## 实验步骤

### 1. 原料预处理

取 700 g 核桃仁(松子、葵花子)用多功能粉碎机粉碎成 4～10 瓣，利用木辊将粉碎好的颗粒状材料轧成薄片(厚度 0.5～1 mm)。在 105 ℃下加热 20 min(30 min、40 min)，将其粉碎，过 20 目筛。

### 2. 萃取

取过 20 目筛后的 600 g 核桃粉(松子粉、葵花子粉)进入萃取釜 E，$CO_2$由高压泵 H 加压至 30 MPa，经过换热器 R 加温至 35 ℃ 左右，使其成为既具有气体的扩散性又有液体密度的超临界流体，该流体通过萃取釜萃取出植物油料后，进入第一级分离柱 $S_1$，经减压至 4～6 MPa，升温至 45 ℃，由于压力降低，$CO_2$流体密度减小，溶解能力降低，植物油便被分离出来。$CO_2$流体在第二级分离釜 $S_2$ 中进一步经减压，植物油料中的水分、游离脂肪酸便全部析出，纯 $CO_2$ 由冷凝器 K 冷凝，经储罐 M 后，再由高压泵加压，如此循环使用，见图 1。

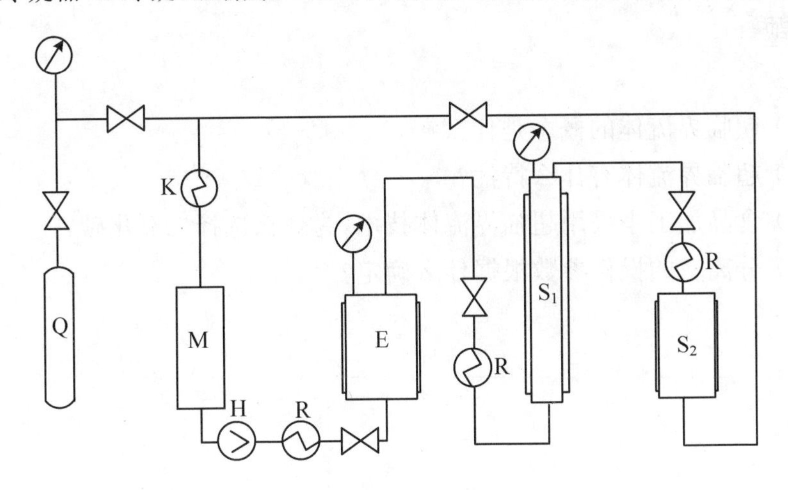


**图 1 超临界 $CO_2$ 萃取装置工艺流程图**

Q. $CO_2$ 钢瓶 M. 储罐 $S_1$. 第一级分离柱 $S_2$. 第二级分离釜

K. 冷凝器 R. 换热器 E. 萃取釜 H. 高压泵

## 实验结果

（1）测定原料的脂肪、水分含量。

（2）每隔 30 min 从分离器中取出萃取物，并称重。

（3）测定萃取后残渣的脂肪含量。

（4）计算：

$$\text{出油率} = \frac{\text{萃取物质量}}{\text{原料质量}} \times 100\%$$

$$\text{脂肪萃取率} = \frac{\text{原料中的脂肪质量} - \text{萃取后残渣的脂肪质量}}{\text{原料中的脂肪质量}} \times 100\%$$

（5）测定超临界二氧化碳流体萃取植物油的理化指标：

① 核桃油、松子、葵花籽油相对密度（$d_4^{20}$）。

② 折射率(20 ℃)。

③ 酸价( $mgKOH \cdot g^{-1}$)。

④ 色泽。

## 思考题

(1) 超临界流体的概念是什么?

(2) 超临界流体有什么特性?

(3) 食品加工中采用超临界流体技术,为什么选择二氧化碳?

(4) 分离室的操作参数根据什么确定?

# 实验 15　石英砂的纯化

## 实验目的

（1）了解提纯石英砂的常用化学方法和原理。

（2）练习和掌握一种提纯石英砂的方法。

## 实验原理

石英砂中主要含有铁、铝、铬等元素氧化物或复盐，纯化石英砂的常用化学方法是首先用酸将铁、铝、铬的氧化物或复盐转化为易溶于水的铁、铝、铬等离子，然后用较强的配体将铁、铝、铬等离子生成易溶于水的络合物，再经过洗涤达到除去铁、铝、铬等杂质离子的目的。

主要反应如下：

$$M_2O_3(M = Fe^{3+},\ Al^{3+}\ 等) + 6H^+ = 2M^{3+} + 3H_2O$$

$$3L^{x-} + xM^{3+} = M_xL_3$$

石英砂中铁、铝等杂质除去的百分率检测方法见实验 17 和实验 18、19。

本实验可以尝试用草酸和环保型的碳酸氢铵（或醋酸铵）等肥料分别提纯石英砂，并比较其提纯效果和综合经济效益。

## 仪器与试剂

### 1. 仪器

玛瑙研钵、聚四氟乙烯坩埚、聚四氟乙烯烧杯、搅拌器（带聚四氟乙烯搅拌棒)、容量瓶、锥形瓶、滴定管、电炉、沙浴锅筛分仪及 80 目筛、循环水抽真空泵等。

**2. 试剂**

石英砂、草酸、碳酸氢铵、醋酸铵等。

## 实验步骤

**1. 石英砂样品制取**

将石英矿粉碎后得到的石英砂过筛子，得到一定 80 目的石英砂样品，并分成多份，一部分用于纯化，一部分用于原样检测对比。

**2. 用草酸提纯石英砂**

取 2.5 g 石英砂于聚四氟乙烯烧杯中，再加入适量草酸和 20 mL 左右的蒸馏水，搅拌，水浴微热，反应 13 个小时左右后，取出样品，用循环水抽真空泵进行抽滤，用蒸馏水清洗 3 次，抽干后将其放在干燥箱中烘干，即得除铁等杂质后的产品 1。

**3. 用碳酸氢铵提纯石英砂**

取 2.5 g 石英砂于聚四氟乙烯烧杯中，再加入适量碳酸氢铵和 20 mL 左右的蒸馏水，搅拌(可以水浴微热)，反应 4～10 个小时后，取出样品，用循环水抽真空泵进行抽滤，用蒸馏水清洗 3 次，抽干后将其放在干燥箱中烘干，即得除铁等杂质后的产品 2。

**4. 除杂质效率检测和计算对比**

按实验 17 中石英砂检测方法检测石英砂原样和产品 1 及产品 2 中铁杂质含量，并计算比较其提纯效果和综合经济效益。

## 数据处理

| 记录项目 \ 样品编号 | 原样 | 产品 1 | 产品 2 |
| --- | --- | --- | --- |
| 质量 $m$(g) | | | |
| 草酸或碳酸氢铵 $m$(g) | | | |
| 反应时间(h) | | | |
| 平均值 $\omega(Fe^{3+})(\mu g \cdot g^{-1})$ | | | |

## 思考题

(1) 在测定前估计测定过程中需要加入多少草酸或碳酸氢铵？从测定结果中可以看出哪一种加入量相对较好？

(2) 从环保和综合经济效益角度分析比较本实验中用草酸和碳酸氢铵提纯石英砂的效果。

# 实验16　石英砂中二氧化硅的测定

## 实验目的

（1）掌握测定石英砂中二氧化硅含量的原理和方法。

（2）掌握马弗炉的使用方法。

## 实验原理

石英砂试样用硫酸和氢氟酸处理，在酸性条件下，使二氧化硅与氢氟酸反应生成气态四氟化硅，挥发出的量即为二氧化硅的含量。当试样中二氧化硅的含量在98％以上时，可采用此法。反应方程式如下：

$$SiO_2 + 4HF = SiF_4\uparrow + 2H_2O$$

## 仪器与试剂

### 1. 仪器

玛瑙研钵、马弗炉、电炉、铂金坩埚、干燥器、电子天平等。

### 2. 试剂

氢氟酸（40％优级纯），硫酸（1∶1）。

## 实验步骤

### 1. 样品前处理

将石英砂样品研磨至细小颗粒或粉末状，灼烧至恒重，置于干燥器中备用。

### 2. 样品中二氧化硅含量的测定

准确称取灼烧至恒重后的铂金坩埚，然后将准确称取好的 1 g(精确至 0.000 1 g)石英砂样品置于铂金坩埚中，加几滴水润湿样品，然后加入 15 mL 氢氟酸，并滴加 1∶1 硫酸 5 滴，在电炉上用小火加热溶解，蒸干，移入马弗炉中，在 900 ℃下灼烧 1 h，然后移入干燥器中冷却至室温后称量。

## 数据处理

石英砂试样中，二氧化硅的质量分数计算公式如下：

$$W_{SiO_2} = \frac{m_1 - m_2}{m} \times 100\%$$

式中，$m_1$ 为灼烧失量后坩埚和试样的质量；$m_2$ 为用氢氟酸处理后坩埚和试样残渣的质量；$m$ 为灼烧失量后试样的质量。

## 思考题

(1) 为什么实验前要将试样和铂金坩埚都灼烧至恒重？

(2) 滴加硫酸的目的是什么？

# 实验 17　石英砂中铁含量的测定

## 实验目的

（1）掌握测定石英砂中铁含量的方法。

（2）学习用分光光度法测定铁的原理及方法。

（3）掌握标准曲线的绘制及应用。

## 实验原理

邻二氮菲(1,10-邻菲罗啉)是测定微量铁的高灵敏性、高选择性试剂。在 pH 为 2.0～9.0 的溶液中,邻二氮菲和 $Fe^{2+}$ 生成稳定的橘红色配合物,$\lg K_f^{\ominus}=21.3$(20 ℃),其溶液在 510 nm 处有最大吸收峰,摩尔吸收系数 $\varepsilon_{510}=1.1\times10^4\ L\cdot mol^{-1}\cdot cm^{-1}$。

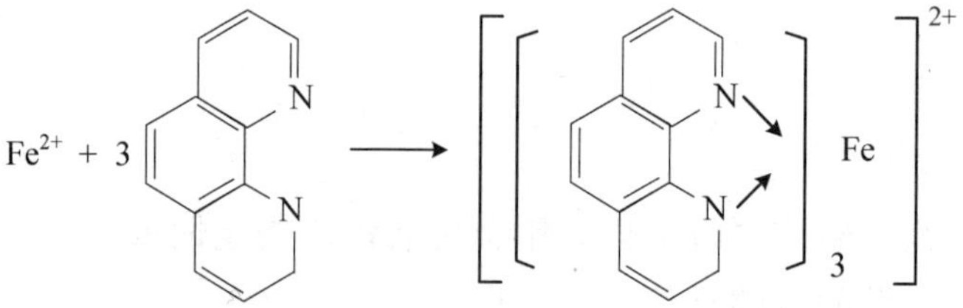

邻二氮菲与 $Fe^{3+}$ 也生成 3∶1 的配合物,呈淡蓝色。$\lg K_f^{\ominus}=14.1$,因此在显色之前需用盐酸羟胺(或抗坏血酸)将全部的 $Fe^{3+}$ 还原为 $Fe^{2+}$：

$$2Fe^{3+}+2NH_2OH=2Fe^{2+}+N_2\uparrow+2H_2O+2H^+$$

邻二氮菲亚铁配合物浓度在 5.0 $mg\cdot L^{-1}$ 以内时,溶液的吸光度与其浓度呈直线关系,根据吸收定律,可利用校准曲线法进行定量测定。即配制一系列浓度的铁的标准溶液，在实验条件下依次测量各标准溶液的吸光度($A$)，以铁溶液的浓度为横坐标，相应的吸光度为纵坐标，绘制标准曲线。在同样实验条件下，测定待测溶液的吸光度，根据测得的吸光度值从标准曲线上查出相应的浓度值，即可计算出试样中铁的质量浓度。

## 仪器与试剂

### 1. 仪器

电炉、铂金坩埚、电子天平、722 型分光光度计等。

### 2. 试剂

氢氟酸(40%优级纯)，硫酸(1∶1)，100 $\mu g \cdot mL^{-1}$铁标准溶液，0.12%邻二氮菲水溶液(新鲜配制)，10%盐酸羟胺水溶液(新鲜配制)，HAc-NaAc 缓冲溶液(pH=4.5)。

## 实验步骤

### 1. 10 $\mu g \cdot mL^{-1}$铁标准曲线的配制

准确吸取 100 $\mu g \cdot mL^{-1}$铁标准溶液 10.00 mL 试液于 100 mL 容量瓶中，用蒸馏水稀释至刻度，摇匀。

### 2. 铁标准曲线的制作

取 6 个 50 mL 容量瓶，用吸量管分别吸取 10.0 $\mu g \cdot mL^{-1}$铁标准溶液 0.00 mL、1.00 mL、2.00 mL、3.00 mL、4.00 mL 和 5.00 mL 于各容量瓶中，各加 10%盐酸羟胺 1 mL，摇匀，放置 2 min。再各加 HAc-NaAc 缓冲溶液 5 mL，0.12%邻二氮菲溶液 2 mL，用蒸馏水稀释至刻度，摇匀。以试剂空白为参比，用 1 cm 比色皿，在 510 nm 下测吸光度。以铁的浓度为横坐标，相应的吸光度为纵坐标，绘制标准曲线。

### 3. 石英砂中铁含量的测定

准确称取灼烧失量后的试样 0.5 g(精确至 0.000 1 g)，将其置于铂金坩埚中，加几滴水润湿样品，然后滴加 1∶1 硫酸 5 滴、15 mL 氢氟酸，摇匀，在电炉上小火加热至试样完全溶解，加入 $HClO_4$，加热至发烟，此时 HF 已挥发完全，移至 50 mL 容量瓶中。将坩埚洗涤 2～3 次，洗涤溶液同样加入 50 mL 容量瓶中。按照上述绘制标准曲线相同的操作方法对试液进行显色，并测定其吸光度。根据吸光度从标准曲线上查出试液中的铁含量，并计算出石英砂中的铁的含量，以 $\mu g \cdot g^{-1}$ 表示。

## 数据处理

(1) 绘制标准曲线。

(2) 计算出溶液中的铁含量($\mu g \cdot mL^{-1}$)。

| 溶 液 | 标准溶液(mL) | | | | | | 待测溶液 |
|---|---|---|---|---|---|---|---|
| | 0.00 | 1.00 | 2.00 | 3.00 | 4.00 | 5.00 | |
| 吸光度(A) | | | | | | | |
| 浓度($\mu g \cdot mL^{-1}$) | | | | | | | |

(3) 石英砂试样中，铁含量($m_{Fe}$)的计算公式如下：

$$m_{Fe}(ug \cdot g^{-1}) = \frac{c_x \times 50\ mL}{m}$$

式中，$c_x$ 为溶液中的铁的含量($\mu g \cdot mL^{-1}$)；$m$ 为石英砂的质量(g)。

## 思考题

(1) 用邻二氮菲分光光度法测定铁的适宜条件是什么？

(2) 用邻二氮菲测定铁的含量时，为什么在测定前要加入盐酸羟胺？

(3) 在显色操作过程中能否将试剂的加入次序颠倒？为什么？

# 实验 18　石英砂中铝含量的测定一(返滴定法)

## 实验目的

(1) 了解返滴定法的测定方法和原理。

(2) 掌握返滴定法测定铝盐含量的方法。

## 实验原理

由于 $Al^{3+}$ 易形成一系列多核羟基配合物,该配合物与 EDTA 络合缓慢,故通常采用返滴定法测定铝。在 pH 为 3.5 的条件下,于铝盐溶液中加入过量 EDTA 溶液,加热至 50 ℃以上,调节溶液 pH 为 5～6,加热煮沸 2～3 min,使 $H_2Y^{2-}$(过量)$+Al^{3+}=AlY^{-}+2H^{+}$,加入二甲酚橙指示剂,用锌盐标准溶液滴定剩余的 EDTA,$H_2Y^{2-}$(剩余)$+Zn^{2+}=ZnY^{2-}+2H^{+}$,直到溶液由亮黄色变成紫红色为止,根据消耗的 EDTA 体积计算铝盐含量。

## 仪器与试剂

### 1. 仪器

玛瑙研钵、聚四氟乙烯坩埚、容量瓶、锥形瓶、滴定管、电炉、沙浴锅等。

### 2. 试剂

EDTA 标准溶液(约 0.02 $mol\cdot L^{-1}$)、$Zn^{2+}$ 标准溶液(约 0.02 $mol\cdot L^{-1}$)、pH=5.6 的缓冲溶液(醋酸-醋酸钠)、二甲酚橙指示剂(2 $g\cdot L^{-1}$)、

$NH_3$(1∶1)、HCl(1∶1)、$HNO_3$(1∶1)、HF 等。

## 实验步骤

### 1. 石英砂的消解

用玛瑙研钵研磨石英砂至两百目左右，准确称取石英砂样品 0.5 g 于聚四氟乙烯坩埚中，加入约 12 mL HF，再加入 1∶1 HCl 10 滴，1∶1 $HNO_3$ 10 滴，将坩埚放在沙浴锅中加热约 5 h，溶液澄清后加热至近干。用稀 HCl 将样品转移到 100 mL 容量瓶中，以水稀释至刻度。

### 2. 滴定分析测试铝含量

吸取 25 mL 上述试液于 250 mL 锥形瓶中，加 20 mL 蒸馏水及 30 mL EDTA 标准溶液，在电炉上加热至 50 ℃以上，加 1 滴二甲酚橙指示剂，边搅拌边滴加 1∶1 氨水至溶液由黄色刚好变成紫红色后，再加入 8 mL pH 为 5.6 的缓冲溶液，此时溶液由紫红变黄，煮沸 2～3 min，取下冷却，用水稀释至约 150 mL。然后向溶液中加 2～3 滴二甲酚橙指示剂，以 0.02 mol·$L^{-1}$ 的 $Zn^{2+}$ 标准溶液滴定至溶液由黄色变成紫红色。记下锌盐标准溶液用量，平行滴定 3 次。

## 数据处理

| 滴定编号 / 记录项目 | 1 | 2 | 3 |
| --- | --- | --- | --- |
| $m$(石英砂)(g) | | | |
| $c$(EDTA)(mol·$L^{-1}$) | | | |
| $V(Zn^{2+})$( mL) | | | |
| $c(Zn^{2+})$(mol·$L^{-1}$) | | | |
| $\omega(Al^{3+})$ | | | |
| 平均值 | | | |

石英砂试样中,铝的质量分数计算公式如下:

$$\omega(Al^{3+})=\frac{[30\times c(EDTA)-V\times c(Zn^{2+})]\times M(Al)}{m(石英砂)\times 1\,000}\times 4\times 100\%$$

## 思考题

(1) 测定过程中二次加热的目的是什么?

(2) 本实验中所使用的 EDTA 溶液,是否需要标定? 为什么?

# 实验 19　石英砂中铝含量的测定二（分光光度法）

## 实验目的

（1）掌握用分光光度法测定铝盐含量的方法。

（2）掌握微波消解仪的使用方法。

## 实验原理

铬天菁 S(Chromeazurols，简称 CAS)是一种酸性染料，为棕色粉末，易溶于水。它在水溶液中的存在形式和颜色随 pH 的不同而不同，在 pH 为 5.8 时为橙黄色。在酸性溶液中，铝与铬天菁 S 生成配合物，其组成和颜色也随着溶液酸度的不同而异，在 pH 为 5.8 的缓冲溶液中配合物显紫色。利用分光光度计测其吸光度，再根据标准曲线确定铝含量，此方法适合于微量铝的测定。

## 仪器与试剂

### 1. 仪器

微波消解仪、722 型分光光度计、容量瓶、比色皿、移液管等。

### 2. 试剂

0.1%铬天菁 S 显色液：称取铬天菁 S 0.500 0 g，用 3 mL 1∶1 $HNO_3$ 及 250 mL 无水乙醇溶解，将其转移至 500 mL 容量瓶中，再用蒸馏水稀释至刻度；

铝标准溶液：准确称取硫酸铝[$Al_2(SO_4)_3 \cdot 18H_2O$] 1.234 0 g，溶于水中，加 1∶1 盐酸 2 mL，然后转移至 1 000 mL 容量瓶中，用水稀释至刻度，此时溶液中铝浓度为 0.100 0 $mg \cdot mL^{-1}$，吸取上述溶液 5 mL 稀释至 100 mL，配成 5.00 $\mu g \cdot mL^{-1}$ 标准溶液；

缓冲溶液（pH=5.8）：称取无水醋酸铵 500 g，溶于 400 mL 水后，加冰醋酸 20 mL，用蒸馏水稀释至 1 000 mL；

0.4％十六烷基三甲基溴化铵；

混合显色剂：将 0.1％铬天菁 S 水溶液与 0.4％十六烷基三甲基溴化铵按照体积比 2∶1 混合；

$HClO_4$、HF、HCl(1∶1)、$HNO_3$(1∶1)、抗坏血酸（现配现用）。

## 实验步骤

### 1. 样品消解

准确称取石英砂样品 0.3 g 置于微波消解罐中，加入 5 mL HF、5 滴 1∶1 $HNO_3$溶液。将消解罐置于微波消解仪中消解约 14 min，消解完后转移到聚四氟乙烯坩埚中，将坩埚于沙浴中挥发蒸干（或加入少量 $HClO_4$ 溶液至冒烟）。最后将坩埚中的样品用稀盐酸移入 50 mL 容量瓶中，以蒸馏水稀释至刻度。

### 2. 标准曲线绘制

取 6 只 50 mL 的容量瓶，依次加入浓度为 5.0 $\mu g \cdot mL^{-1}$ 铝标准溶液 0.0 mL、1.0 mL、2.0 mL、3.0 mL、4.0 mL、5.0 mL，然后在每只容量瓶中依次加入 1 mL 1％抗坏血酸、8 mL pH 为 5.8 的缓冲溶液、2 mL 混合显色剂，以水定容至刻度放置 20 min，其含铝量分别为 0.00 $\mu g \cdot mL^{-1}$、0.10 $\mu g \cdot mL^{-1}$、0.20 $\mu g \cdot mL^{-1}$、0.30 $\mu g \cdot mL^{-1}$、0.40 $\mu g \cdot mL^{-1}$、0.50 $\mu g \cdot mL^{-1}$。于波长 605 nm 处，以 1 cm 比色皿测其吸光度，绘制标准曲线。

### 3. 样品测定

准确吸取样品消解液 1 mL 于 50 mL 容量瓶中，并依次加入 1 mL 1％抗坏血酸、8 mL pH 为 5.8 的缓冲溶液、2 mL 混合显色剂,用蒸馏水稀释至刻度。充分摇匀后,放置 20 min 后在分光光度计上测定其吸光度。以试剂空白做参比,于波长 605 nm 处,装入 1 cm 比色皿测其吸光度,由标准曲线确定铝含量。平行测定 3 次,求平均值。

## 数据处理

根据测得的吸光度在标准曲线上查得溶液中铝含量:

| $V$(mL) | 0.0 | 1.0 | 2.0 | 3.0 | 4.0 | 5.0 | 待测 1 | 待测 2 | 待测 3 |
|---|---|---|---|---|---|---|---|---|---|
| $\rho$ ($\mu$g · mL$^{-1}$) | | | | | | | | | |
| $A$(标准) | | | | | | | | | |

| 测定编号 / 记录项目 | 1 | 2 | 3 |
|---|---|---|---|
| $m$(石英砂)(g) | | | |
| $A$(样品) | | | |
| $\rho$(样品)($\mu$g · mL$^{-1}$) | | | |
| $\omega$($Al^{3+}$) | | | |
| 平均值 | | | |

石英砂试样中,铝的质量分数计算公式如下:

$$\omega(\mathrm{Al^{3+}}) = \frac{\rho \times 50 \times 50}{m(\text{石英砂}) \times 10^6} \times 100\%$$

## 思考题

(1) 加入抗坏血酸的目的是什么?

(2) 为什么在 605 nm 处测吸光度?

(3) 抗坏血酸、缓冲溶液和混合显色剂三者的加入顺序对实验有无影响?

# 实验 20　用 ICP-MS 进行石英砂全项检测

## 实验目的

（1）掌握石英砂的消解方法。

（2）了解 ICP-MS 的基本结构和工作原理。

（3）掌握 ICP-MS 同时测定多种元素的方法和原理。

## 实验原理

ICP-MS(电感耦合等离子体质谱)仪器主要由 ICP、接口、离子透镜、四极杆质量分析器及检测器组成,ICP(感应耦合等离子体)作为质谱的高温离子源,通常使用气动雾化器把分析物溶液转化为极细的气溶胶雾滴,以氩气为载气将样品带入等离子体。氩气穿过等离子体,形成一条中心通道,样品一般在通道内距感应线圈 10 mm 处电离,此处电离温度为7 500～8 000 K,样品在通道中进行蒸发、解离、原子化、电离等过程。90％以上的元素都能离子化,且生成的二价离子较少,绝大多数元素都以一价离子的形式存在。离子通过样品锥接口和离子传输系统进入高真空的 MS(质谱)部分。质谱分析仪是利用电磁学的原理,使物质的离子按照其特征的荷质比(即质量 $m$ 与电荷 $z$ 之比)来进行分离并进行质谱分析的仪器。质谱分析法是利用质谱仪把样品中被测物质的原子(分子)电离成离子并按荷质比的大小顺序排列构成质谱,这样根据物质的特征质谱的位置($m/z$)可实现质谱的定性分析;根据谱线的黑度(或离子流强度、峰高)与被测物质的含量成比例的关系,可实现质谱的定量分析,也可以根据质谱中分子离子峰的强度与有机化合物结构有关的规律实现有机化合物的结构测定。MS的四极快速扫描质谱仪通过高速扫描分离测定所有离子，并通过高速双通道分离后的离子进行检测，浓度线性动态范围达9个数量级（$10^{-12}$～$10^{-3}$）直接测定。因此，ICP-MS技术具有最低的检出限、最宽的动态线性范围、干扰最少、分析精密度高、分析速度快、可进行多元素同时测定以及可提供精确的同位素信息等分析特性。质谱仪一般由真空系统、进样系统、离子源、质量分析器和计算机控制与数据处理系统组成。

## 仪器与试剂

### 1. 仪器

ICP-MS分析仪、微波消解仪、容量瓶、移液管等。

### 2. 试剂

18.2 MΩ·cm超纯水；

优级纯或高纯硝酸（68%）；

铬标准贮备液：用4 mL浓$HNO_3$溶解0.100 0 g铬金属，再加8 mL浓$HNO_3$并用蒸馏水稀释至1 000 mL，其铬浓度为100 μg·$mL^{-1}$；

铬工作溶液：用1%$HNO_3$溶液逐步稀释至1.0 ng·$mL^{-1}$稀溶液，然后用此液配制浓度分别为5 ng·$mL^{-1}$、10 ng·$mL^{-1}$、20 ng·$mL^{-1}$、60 ng·$mL^{-1}$、100 ng·$mL^{-1}$和200 ng·$mL^{-1}$的铬工作溶液；

铝标准贮备液：准确称取硫酸铝[$Al_2(SO_4)_3 \cdot 18H_2O$] 1.234 0 g，将其溶于水中，加10 mL 6 mol·$L^{-1}$ $HNO_3$，然后转移至1 000 mL容量瓶中，用水稀释至刻度，此时溶液浓度为0.100 0 mg·$mL^{-1}$；

铝工作溶液：用铝标准贮备液配制浓度分别为5 ng·$mL^{-1}$、10 ng·$mL^{-1}$、20 ng·$mL^{-1}$、60 ng·$mL^{-1}$、100 ng·$mL^{-1}$和200 ng·$mL^{-1}$的铝工作溶液；

镉标准贮备液：用10 mL浓$HNO_3$溶解0.100 0 g镉金属，并用蒸馏水稀释至1 000 mL，其镉浓度为100 μg·$mL^{-1}$；

镉工作溶液：用1%$HNO_3$溶液逐步稀释至1.0 ng·$mL^{-1}$稀溶液，然后用此液配制浓度分别为5 ng·$mL^{-1}$、10 ng·$mL^{-1}$、20 ng·$mL^{-1}$、60 ng·

$mL^{-1}$、100 ng · $mL^{-1}$和 200 ng · $mL^{-1}$的镉工作溶液；

$10^{-8}$Rh(2% $HNO_3$)等。

### 3. 仪器工作参数

优化仪器是通过调节有关参数使测定元素的灵敏度达到最大且稳定不变的仪器。载气流量、等离子气流量及进样速度都会影响元素测定的灵敏度。若保持 ICP 入射功率不变，炬管与采样锥的距离不变，增大载气流量可使元素的测定灵敏度发生变化。载气流量在某值时元素的灵敏度最大。数据采集参数如下：

扫描次数(Sweeps)：50；

通道数(Channels Per Mass)：1；

通道间隔(Channels Spacing)：0.02；

深度采样(Sampling Depths)：130；

采样时间(Acquisition Time)：30～60 s；

样品提升速度率(Sample Up-Taking Speed)：0.8 mL · $min^{-1}$。

## 实验步骤

### 1. 实验步骤

(1) 样品前处理。准确称取 0.2 g 石英砂试样于消解罐中，加入适量的消解酸，盖上盖子，按仪器操作步骤放入微波消解仪内，然后按设定的程序，进行微波消解。冷却后敞开消解罐，加入 1 mL $HClO_4$后置于控温电热板，加热至 $HClO_4$冒烟，冷却后用 10%$HNO_3$洗涤后转移到 100 mL 容量瓶中，再用二次蒸馏水稀释至刻度，混匀后在 ICP 发射光谱仪上测定。

(2) 容量瓶、烧杯和取液器等器皿的清洗步骤。用 10%$HNO_3$溶液浸泡器皿，然后依次用蒸馏水和超纯水各冲洗 5 次后，置于淋洗柜中自然晾干备用。清洗后的容器装入超纯水，用 ICP-MS 测定水中的镉量，以检验清洗效果。当镉含量与清洗过程中最后一步使用的超纯水的镉含量一致或接近时，表明整个清洗过程达到要求。

(3) 定量分析方法采用内标法。内标元素 Rh 通过三通加入到空白、标样及样品中，然后用标准曲线系列进行定量分析。

（4）样品测定。分别测定空白溶液及6个标准工作溶液，仪器工作软件自动给出标准曲线，由此建立校正曲线。

**2. 检出限、精密度和回收率**

该方法的检出限为0.15 $ng \cdot mL^{-1}$，定量测定下限为0.5 $ng \cdot mL^{-1}$。仪器测量痕量元素的精密度与浓度有关，浓度越高，精密度越好。加标回收率在88%～105%之间，测定相对标准偏差<10%。

## 数据处理

校正曲线的方程如下：

$$I = bc + a$$

式中：$I$为信号值；$b$为校正曲线的斜率；$c$为样品溶液中元素的浓度，单位是$ng \cdot mL^{-1}$；$a$为校正曲线的截距。

根据计算机打印报告结果（$ng \cdot mL^{-1}$），换算出样品中各元素的含量（$ng \cdot g^{-1}$）。

## 注意事项

（1）每步操作需避免样品被污染。

（2）通常离子干扰效应降低分析信号，即“抑制”效应，可使用内标法进行校正。

## 思考题

（1）简述等离子焰火炬的形成过程。

（2）为什么ICP光源能够提高原子发射光谱分析的灵敏度和准确度？

（3）为什么容量瓶、烧杯和取液器等器皿的整个清洗过程应在超净室中进行？

# 实验 21　芦丁的提取、分离与鉴定

## 实验目的

(1) 掌握碱-酸法提取黄酮类化合物的原理和操作技术。

(2) 掌握化学鉴别试验、苷水解、衍生物制备、熔点和薄层层析检查等手段在苷类结构鉴定中的应用。

## 实验原理

芦丁(*Rutin*)广泛存在于植物界，现已发现含芦丁的植物在 70 种以上，如烟叶、槐花米、荞麦和蒲公英中均含有，其中在槐花米(为植物 *Sophoru japonica* 的未开放的花蕾)和荞麦中含量最高，可作为大量提取芦丁的原料。

提取芦丁的方法很多，目前我国多采用碱提取-酸沉淀法，其提取原理是依据芦丁结构中含有酚羟基，能与碱反应，生成盐而溶于水中，向此盐溶液中加入酸，则芦丁游离析出，此外，还可采用水和醇提取法。

芦丁具有 Vp 样作用，有助于保持及恢复毛细血管的正常弹性。主要用作防治高血压病的辅助治疗剂，多为口服，也可作注射用。

芦丁为淡黄色针晶，含三分子结晶水物的熔点 174～178 ℃。无水物熔点为 188～190 ℃，微溶于乙酸乙酯、丙酮，不溶于苯、乙醚、氯仿、石油醚等溶剂。

溶解度情况见下表：

| 温度 | 水 | 甲醇 | 乙醇 | 吡啶 |
|---|---|---|---|---|
| 冷 | 1∶8 000 | 1∶1 000 | 1∶273 | 1∶12 |
| 热 | 1∶180 | 1∶10 | 1∶30 | 易溶 |

结构式如下：

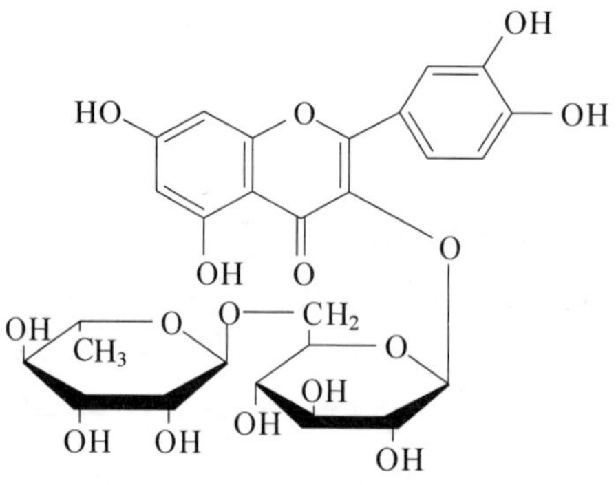

芦丁

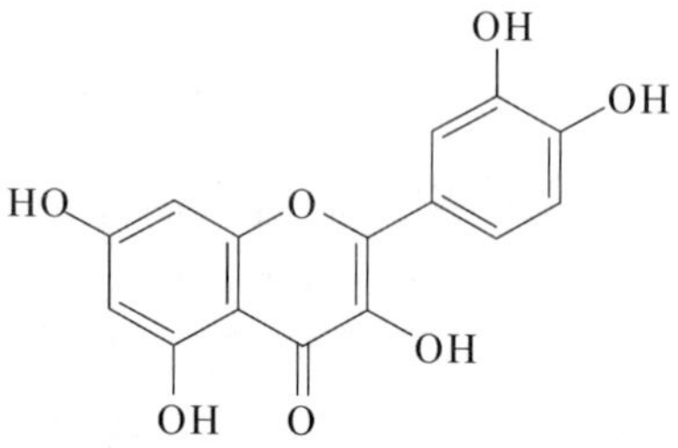

槲皮素

槲皮素为芦丁的苷元，含两分子结晶水物为黄色针晶（稀乙醇），于95～97 ℃失水，313～314 ℃分解，槲皮素可溶于甲醇、乙醇、丙酮、乙酸乙酯、吡啶，不溶于水、乙醚、苯、氯仿、石油醚。

## 仪器与试剂

### 1. 仪器

烧杯、电炉、抽滤瓶、水浴锅、布氏漏斗、层析槽、锥形瓶、石棉网、恒温箱、喷雾瓶、紫外分光光度计、核磁共振仪等。

### 2. 试剂

槐米 30 g、硼砂、CaO、稀盐酸、浓盐酸、无水乙醇、95%乙醇、镁粉、$ZrOCl_2$、柠檬酸、α-萘酚、浓硫酸、2% $H_2SO_4$、沸石、乙醚、间苯三酚标准品、原儿茶酸标准品、10% $Na_2CO_3$、0.5% $NaNO_2$、氯仿、甲醇、醋酐、丁酮、邻苯二甲酸、苯胺、正丁醇、冰醋酸、三氯化铁、CMC、甲酸、碳酸钡、葡萄糖标准品、鼠李糖标准品、氢氧化钠、醋酸钠、盐酸苯肼、丙酮、DMSO 等。

## 实验步骤

### 1. 芦丁的提取分离和纯化

(1) 于 500 mL 烧杯中加入 300 mL 水。1 g 硼砂[1]，加热至沸，投入槐花米粗粉 20 g，继续直火煮沸 2～3 min，在搅拌下小心加入石灰乳(1 g CaO＋10 mL 蒸馏水)，调 pH 至 8.5～9[2]，保持微沸 30 min，趁热过滤。

(2) 将滤液放冷至室温，在 60～70 ℃下用稀酸调 pH 至 4[3]，静置 6 h 以上，析出沉淀，抽滤，用蒸馏水洗涤沉淀 1～2 次至中性。所得沉淀为芦丁粗品。

(3) 进行重结晶[4]。将沉淀悬浮于蒸馏水中，加热煮沸 15 min，趁热抽滤。滤液充分静置至不再析出沉淀，过滤，所得沉淀于 60～70 ℃干燥，得芦丁精制品。

### 2. 芦丁的鉴定

(1) 芦丁的定性反应：取芦丁 3～4 mg，加乙醇 5～6 mL 使其溶解，分成 3 份，做下述试验：

① 取上述溶液 1～2 mL，加少许镁粉，再加 2 滴浓盐酸，注意观察颜色变化。

② 取上述溶液 1～2 mL，滴加 2%的 $ZrOCl_2$ 的乙醇溶液，注意观察颜色变化情况，再加 2%柠檬酸乙醇溶液，详细记录颜色变化情况[5]。

③ α-萘酚反应(Molish's Reaction)：取上述溶液 1～2 mL，然后加等体积的 10%α-萘酚乙醇溶液，摇匀，沿管壁滴加硫酸，注意观察两液界面产生的颜色变化。

(2) 芦丁水解后苷元与糖的鉴定如下。

① 芦丁水解：称取精制芦丁约 1 g，研细，将其和 100 mL 2% $H_2SO_4$ 装入 250 mL 锥形瓶中，加入沸石，直火沸腾后保持 2 h，放冷后抽滤，滤液保留作糖的鉴定。水洗沉淀后，粗品用约 10 mL 95%乙醇煮溶回流，趁热过滤，放置加水至浓度 50%左右，得黄色针晶。

② 苷元的鉴定：苷元的碱降解过程如下。

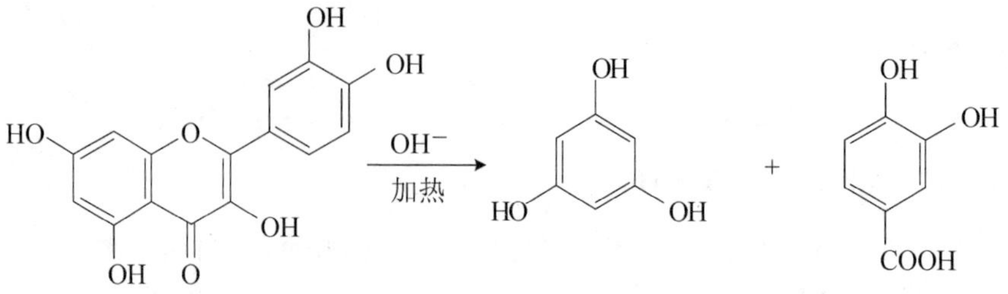

$OH^-$ 加热

槲皮素　　间苯三酚　　原儿茶酸

取 50 mg 苷元，加水和 95%乙醇各 5 mL，加 4 g 氢氧化钾在石棉网上直火加热回流 5 h，反应后挥发掉乙醇，用稀盐酸调成酸性（pH 约为 2），用乙醚振摇萃取，取醚层回收醚，残液进行缓冲纸层析，然后用 Sulp Hanilic Acid [6] 试剂显色，并与间苯三酚和原儿茶酸标准品对照层析结果[7]。

槲皮素五乙酰化物的制备：称取精制槲皮素 0.2 g，置 25 mL 干燥的锥形瓶中，加 6 mL 醋酐和 1 滴浓硫酸，振摇使完全溶解，接上空气冷凝管，于水浴上加热 30 min，放冷，搅拌后倾入 100 mL 冰水中，搅至油滴消失，得灰白色粉末状沉淀，放置、抽滤、洗涤，用 95%乙醇将沉淀重结晶，得无色针晶，为五乙酰化槲皮素，熔点为 192～194 ℃。

③ 芦丁和槲皮素的薄层层析鉴定如下。

吸附剂：硅胶 G（薄层硅胶）以 0.6%CMC-Na 水溶液为黏合剂制板，105 ℃下活化半小时；

展开剂（任选一种）：

A. 氯仿-甲醇-甲酸（15∶5∶1）

B. 氯仿-丁酮-甲酸（5∶3∶1）

显色剂：1%三氯化铁和 1%铁氰化钾水溶液，临用时等体积混合；

④ 糖的鉴定过程如下。

纸层析鉴定：取水解溶液 10 mL 于水浴上加热，在搅拌下加 $BaCO_3$ 或 $Ba(OH)_2$ 细粉中和至中性，滤除生成的 $BaCO_3$ 沉淀，滤液小心浓缩至 1～2 mL（水浴浓缩，注意防止炭化），得样品液以葡萄糖、鼠糖标准品做对照进行纸层析；

展开剂：正丁醇-冰醋酸-水（4∶1∶5 上层）径向展开；

显色剂：将邻苯二甲酸-苯胺试剂，喷于滤纸上，于 105 ℃加热数分钟至斑点出现，观察结果并记录；

脎的制备及鉴定：余下的水解液小心用 40% NaOH 液中和，滤除棕红色沉淀，水浴上加热浓缩至约 30 mL，滤后加 1 g 盐酸苯肼、2 g NaAc，然后在沸水浴上加热 30～40 min，析出黄色混合糖脎，停止加热，冷却后取结晶少许，于显微镜下观察，鼠李糖脎为簇状针晶，葡萄糖脎为扫帚状聚针晶。滤取糖脎结晶，水洗，干燥后，溶于丙酮，滤除不溶物，滤液中加水使成 30% 丙酮液即析出葡萄糖脎，抽滤后以少量丙酮重结晶一次，结晶熔点为 209 ℃，在母液中加水稀释，析出鼠李糖脎，用稀乙醇重结晶，得熔点为 185 ℃的晶体。

## 芦丁、槲皮素的光谱鉴定

### 1. UV 光谱法

将适量分离得到的芦丁、槲皮素精制品溶解于适量甲醇中，在 200～400 nm 处测定紫外光谱分析数据，确定结构。

### 2. NMR 法

将芦丁、槲皮素精制品溶解与 DMSO 中，测定其 1H-NMR13C-NMR 光谱，分析图谱，推断结构，指出峰归属。

注：

[1] 加硼砂的目的是因其能与芦丁结合，起保护邻二羟基不被氧化破坏的作用，实验证明提取时加入硼砂，产品质量要好些。

[2] 加入石灰乳既可达到碱溶解提取芦丁的目的，又可除去槐花米中大量的多糖类黏液质，但 pH 不能过高，否则钙易与芦丁形成螯合物沉淀析出，煮沸时间不可过长，过长则导致芦丁的降解。

[3] pH 过低会使芦丁形成钅羊盐而降低收率。

[4] 利用芦丁在冷热水中溶解度的差异来达到结晶目的。得到的沉淀要粗称一下，按照芦丁在热水中 1∶200 的溶解度加蒸馏水进行重结晶。

[5] 在样品溶液中加入 2% $ZrOCl_2$ 的乙醇溶液后，如溶液呈黄色表示可能有 $C_3$—OH 或 $C_5$—OH，如再加入 2%柠檬酸乙醇溶液，黄色不褪表示有 $C_3$—OH，如黄色褪去，加水稀释后转为无色，表示无 $C_3$—OH，但有 $C_5$—OH。（上述两种条件下生成的络合物对酸的稳定性不

同，其中，$C_3$—OH、4-酮基络合物的稳定性大于 $C_5$—OH、4-酮基络合物的稳定性。）

［6］Sulp Hanilic Acid 试剂组成包括，A 液：10％ $Na_2CO_3$ 水溶液；B 液：0.5％ Sulphanilic Acid；C 液：0.5％ $NaNO_2$ 水溶液。先喷 A 液，然后再喷 B 和 C 的等量混合液（B 与 C 用时临时混合）。

［7］苷元降解产物的层析结果如下图：

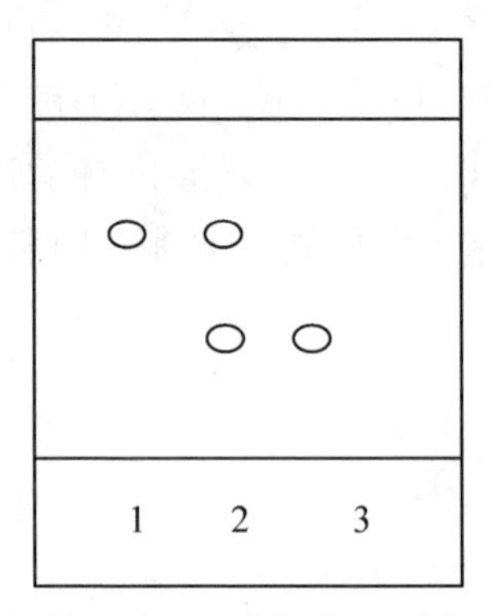


1. 间苯三酚　2. 降解液　3. 原儿茶酸

# 实验 22　青蒿素的提取、分离和鉴定

## 实验目的

(1) 掌握从青蒿中提取、分离并鉴定青蒿素的方法。

(2) 学习柱色谱的操作方法。

## 实验原理

青蒿素(*Artemisinin*)是从中药青蒿中分离得到的一个有抗疟活性的倍半萜过氧化物,尤其对脑型疟疾和抗氯喹疟疾具有速效和低毒的特点。

青蒿素是低极性的倍半萜过氧化物,因此,可以用低沸点的溶剂如二氯甲烷、氯仿、乙醚、丙酮和石油醚(30～60 ℃)来提取。然后应用层析和重结晶的方法来分离纯化青蒿素。

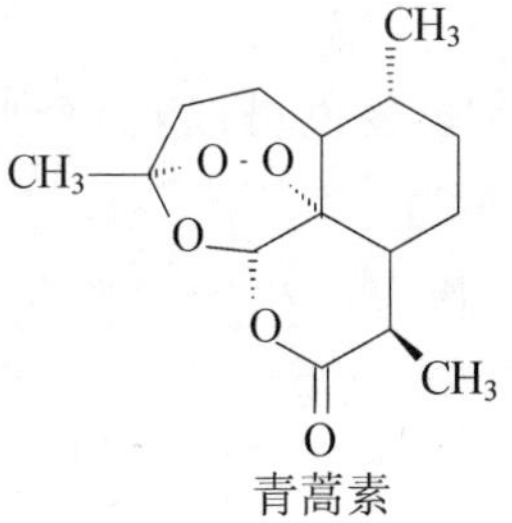

$CH_3$　O-O　O　O　O　$CH_3$　$CH_3$　O

青蒿素

## 仪器与试剂

### 1. 仪器

色谱柱、旋转蒸发仪、硅胶薄层板、展开缸、显色试剂喷瓶、电吹风、锥形

瓶(50 mL)、层析槽等。

**2. 试剂**

青蒿干燥的叶子、100～200目硅胶、石油醚、氯仿、乙酸乙酯、二氯甲烷、正己烷、乙腈、5%香草醛-浓硫酸(硫酸-无水乙醇=4∶1)等。

## 实验内容

**1. 提取分离**

将干燥的青蒿叶子(粉碎)用沸点30～60 ℃的石油醚提取48 h，回收浓缩后得到棕黑色浆状物。再用20 mL氯仿溶解棕黑色浆状物后，加入180 mL的乙腈，过滤除去不溶部分，滤液减压浓缩得到胶质残渣。将残渣用200 g(100～200目)硅胶进行柱色谱分离，用7.5%乙酸乙酯-氯仿作为洗脱剂。从洗脱剂下来200 mL溶液之后开始收集流分，每瓶流分体积为40 mL。收集流分体积约300 mL后，青蒿素被洗脱下来，为白色结晶。流分用TLC进行检测。用二氯甲烷-正己烷(1∶4)重结晶可得到青蒿素纯品。

**2. TLC鉴定**

样品：青蒿素的氯仿(或二氯甲烷)溶液；

展开剂：石油醚-乙酸乙酯(8∶2)、苯-乙醚(4∶1)、乙酸乙酯-氯仿(0.75∶10)三种均可；

显色：用5%香草醛-浓硫酸显色可以观察到青蒿素开始为黄色斑点，加热后变成紫红色斑点($R_f$=0.66)。

注意事项：高温易导致青蒿素产生大量降解产物，本实验必须低温提取回收，温度不得超过60 ℃。

## 实验总结与讨论

对实验现象和实验过程进行总结和讨论。

# 实验 23　红辣椒中红色素的分离

## 实验目的

(1) 掌握薄层色谱板、色谱柱的制作及用以分离天然化合物的技术。

(2) 了解红辣椒所含色素的性质及其分离法。

## 实验原理

红辣椒是辣椒(*Capsicum annum*)的成熟果实,含有几种色泽鲜艳的色素,主要为红色素。在红辣椒色素的薄层色谱中,可观察到一个大的鲜红色的斑点。红辣椒显示的深红色主要由此色素产生。研究结果证实这种红色素主由辣椒红脂肪酸酯组成。

辣椒红

辣椒红　$R_1=R_2=H$

辣椒红脂肪酸酯　$R_1=R_2=-C(=O)-(CH_2)_n-CH_3$

## 仪器与试剂

### 1. 仪器

2×20 cm 色谱柱、圆底烧瓶、载玻片、层析槽、棉花、烧杯、蒸发皿、抽滤瓶、布氏漏斗、毛细管、红外光谱仪等。

**2. 试剂**

二氯甲烷、沸石、辣椒红标准品、柱层析用硅胶、薄层层析用硅胶、红辣椒粉等。

## 实验内容

**1. 薄层色谱的制备**

取 6 块载玻片洗净，干燥，平铺于台面，称 2 g 薄层用硅胶于小烧杯内，按硅胶和蒸馏水 1∶3 的比例加水，用玻璃棒将硅胶与水充分混匀，均匀地倒在备好的载玻片上，再抖动载玻片，使硅胶铺平，晾干后于 105 ℃ 活化 30 min，或在 80 ℃ 烘 2 h，取出放冷后，放入干燥器备用。

**2. 提取**

称取红辣椒粉 0.5 g 放入 25 mL 或 50 mL 圆底烧瓶中，加 2 粒沸石，加 10 mL $CH_2Cl_2$，回流 20 min，放至室温，过滤，得滤液，备用。

**3. 柱色谱分离红色素**

(1) 装柱：取色谱柱洗净，干燥，放一小块脱脂棉在基底部，然后慢慢加入柱层析用硅胶 10 g，同时用一段木条轻轻敲柱，以利于硅胶均匀沉降，至硅胶顶面不再下降为止，装柱完毕。这种方法是干法装柱，此外还有湿法装柱。

(2) 拌样：取一洗净、干燥的蒸发皿称重，然后在蒸发皿中放入 0.2 g 层析硅胶，将此装有硅胶的蒸发皿置于水浴上，同时滴入辣椒色素提取液拌匀，挥干溶剂至蒸发皿恒重。

(3) 上样：将样品轻轻放在柱顶(注意不能破坏柱顶面)，敲打色谱柱至样品带厚薄均匀、表面平滑，然后再在样品带上轻轻铺一层白硅胶及一块脱脂棉，以保护样品带。

(4) 色谱分离：缓缓倒入约 10 mL $CH_2Cl_2$ 进行洗脱，洗脱剂展至柱底即停止层析。可见硅胶柱上呈现两条明显的色带，将两色带分别挖出，用 $CH_2Cl_2$ 分别洗脱，即得红色素。

**4. 红色素的鉴定**

（1）薄层色谱鉴定：用毛细管将滤液点于色谱板上（注意斑点直径不得大于 0.3 cm），薄层板斜放于盛有少量展开剂（$CH_2Cl_2$）的层析槽内（注意点样斑点不要浸在展开剂中），盖上盖子后开展层析，待展开剂行至薄层板顶端时，取出，立即划出溶剂前沿线，记录各斑点颜色，计算 $R_f$ 值（辣椒红 $R_f$ 值约为 0.6）。

（2）红外光谱鉴定：取所得红色素少许，做成盐片扫描，将图谱与标准红外光谱比较。

**5. 柱色谱的注意事项**

（1）装柱过程不能间断，装好的色谱柱不应有气泡、裂痕。

（2）吸附剂位置一般不超过色谱柱长度的 3/4。

（3）装好的柱子其吸附剂的顶面一定要平。

（4）上样时，样品厚度要一致，表面平滑。

# 实验 24　艾叶及丁香中挥发油的提取鉴定

## 实验目的

(1) 掌握挥发油的提取方法、原理。

(2) 通过对比掌握两种挥发油提取器的构造和使用。

(3) 了解 TLC 法在鉴定挥发油成分中的应用。

## 实验原理

艾叶为菊科植物艾(*Artemisia argyi* Levl. et Vant)的干燥叶,其同属植物野艾(*Artemisia vulgaris* L.)的干燥叶也可作艾叶用。艾叶中挥发油的主要成分是水芹烯(*Phellandrene*)、荜澄茄烯(*Cadinene*)、侧柏醇(*Thujyl Alcohol*)等。艾叶油呈蓝绿色,气味辛辣,比重小于 1。

丁香油是桃金娘科植物丁香(*Syzygium aromaticum* [L.] Merv. et Perry)的干燥花蕾经蒸馏所得的挥发油,为淡黄色或无色的澄明油状液体,有丁香的特殊芳香气味。露置空气中或贮存日久则渐浓厚而色变棕黄。丁香油不溶于水,易溶于醇、醚或冰醋酸中,比重为 1.038～1.060。丁香油的主要成分是丁香油酚(*Eugeud*)、乙酰丁香油酚、β-石竹烯(β-*Caryophyllene*)以及甲基正戊基酮、水杨酸甲酯、律草烯(*Humulene*)、苯甲醛、苄醇、间甲氧基苯甲醛、乙酸苄酯、胡椒酚(*Chavicol*)等。

## 仪器与试剂

### 1. 仪器

展开缸、玻璃板(10×10 cm 或者 5×10 cm)、挥发油提取器、水浴锅、圆底烧瓶、冷凝管、气相色谱仪器、GC/MS 等。

### 2. 试剂

艾叶、丁香、5%香草醛-浓硫酸液、石油醚、乙酸乙酯、环己烷、硅胶 G。

## 实验步骤

### 1. 艾叶中挥发油的提取、鉴定

提取：取艾叶 50 g 放入 1 000 mL 圆底烧瓶中，上接挥发油提取器(比重小于 1)，回流 3 h 后，取出油做 TLC 鉴定。

TLC 鉴定：用硅胶 G 板点样，用环己烷-乙酸乙酯(9∶1)展开，5%香草醛浓硫酸液显色，观察斑点颜色、个数，计算 $R_f$ 值。

### 2. 丁香挥发油的提取鉴定

提取：取丁香 20 g 置于 500 mL 圆底烧瓶中，上接挥发油提取器(比重大于 1)，回流 3 h，取出油做 TLC 鉴定。

TLC 鉴定：用硅胶 G 板点样，用石油醚-乙酸乙酯(3∶1)展开，5%香草醛浓硫酸溶液显色，观察斑点颜色、个数，计算 $R_f$ 值。

$CH_2CH{=}CH_2$

$OCH_3$

OH

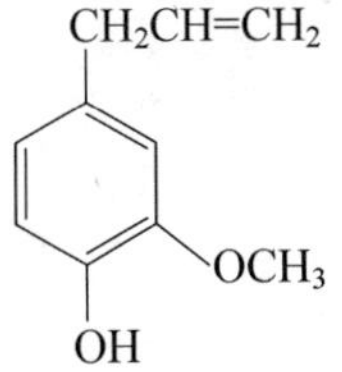

丁香酚

### 3. 气相色谱法

用微量注射器吸取 1 μL 挥发油，由进样器注入，样品被载气带入色谱柱，由于各组分在两相中的分配系数不等，各组分将按分配系数的大小顺序依次被载气带出色谱柱，经检测器检测，记录器记录色谱峰，记录下各峰的保留时间。

GC/MS法：用微量注射器吸取1 μL挥发油，由进样器注入气相色谱-质谱仪，经分离后得到的各个组分依次进入分离器，浓缩后的各组分依次进入质谱仪。质谱仪对每个组分进行检测和结构分析。

# 实验 25　甘草皂苷元的提取与分离

## 实验目的

（1）掌握三萜皂苷的提取、分离方法及薄层色谱技术。

（2）掌握甘草皂苷及其苷元的性质、结构和鉴定方法。

## 实验原理

甘草为豆科植物甘草（*Glycyrrhiza uralersis* Fisch）的干燥根及根茎。甘草具有广泛的药理作用，包括抗溃疡、抗炎、镇咳、镇静等，我国甘草资源丰富，使用极为广泛。甘草中的主要有效成分是一种溶血指数较低的，并具有甜味的五环三萜皂苷甘草酸（*Glycyrrhizic Acid*）或称甘草皂苷（*Glycyrrhizin*），由于味甜，故又称甘草甜素。由冰醋酸中结晶出来的甘草酸为无色柱状结晶，熔点为 225 ℃，比旋光度$[\alpha]_D^{20}$为 57.2°（50%$C_2H_5OH$），易溶于热水，可溶于热稀乙醇，几乎不溶于无水乙醇或乙醚。甘草酸经酸水解，生成二分子 D-葡萄糖醛酸和甘草次酸（苷元）。

甘草次酸为 18β-H 型（*D*/*E* 环顺式），呈针状结晶，熔点为 289 ℃，比旋光度$[\alpha]_D^{20}$为 63°（$CHCl_3$）。甘草酸和甘草次酸都有促肾上腺皮质激素（ACTH）样的生理活性，是临床用抗炎药，并可用于胃溃疡的治疗。近年通过药理实验还发现甘草酸除有抗变态反应外，并有非特异性的免疫加强作用（类似于黄芪多糖、人参多糖对动物免疫功能的影响），同时能对抗 $CCl_4$ 对肝脏的急性中毒作用。

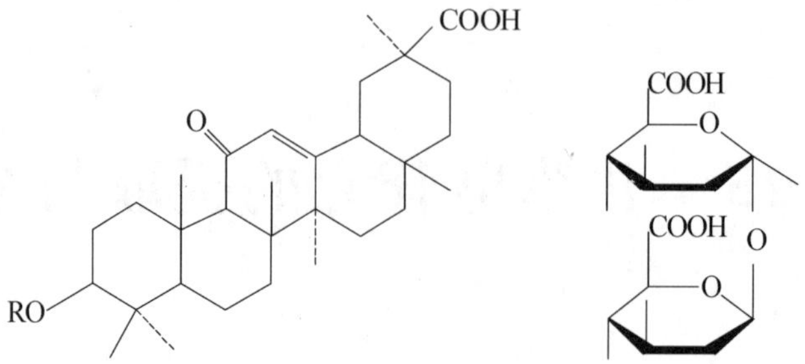

甘草次酸R=H　　　　甘草酸 R=glcuA—glcuA—

## 仪器与试剂

### 1. 仪器

圆底烧瓶、回流装置、水浴锅、色谱柱(2×20 cm)、喷雾瓶等。

### 2. 试剂

甘草粗粉 30 g、EtOH(乙醇)、HCl、MeOH(甲醇)、硅胶、石油醚、氯仿、乙酸乙醋、甲醇、醋酐、浓硫酸、三氯醋酸、乙醇、甘草次酸对照品、苯、醋酸乙酯、冰醋酸、10%磷钼酸乙醇、无水乙醇等。

## 实验内容

### 1. 甘草次酸的提取和分离

总皂苷的提取:取 30 g 甘草粗粉加入 500 mL 圆底烧瓶内,用 300 mL 10% EtOH 回流 1 h,过滤除去药渣。将提取液浓缩后加入稀盐酸调至 pH=2,收集沉淀,用少量水洗至中性,得甘草总皂苷。

皂苷的水解:取总皂苷加 100 mL 1% HCl-MeOH 溶液,在水浴上水解 30 min,除去部分溶剂后得到白色固体(MeOH 的结晶体),得粗皂苷元(含甘草次酸)。

分离:采用硅胶吸附柱色谱进行分离。

常采用的洗脱剂系统:石油醚-氯仿、氯仿-乙酸乙醋、氯仿-甲醇等。

**2. 甘草次酸的鉴定**

(1) 发生的化学反应如下。

醋酐-浓硫酸反应(Liebermann-Burchard):将样品溶于醋酐中,加浓硫酸-醋酐(1∶20),可产生黄→红→紫→蓝等颜色变化,最后褪色。

三氯醋酸反应(Rosen-Heimer):将样品溶于氯仿,喷25%三氯醋酸乙醇溶液,加热至100 ℃,变成红色,渐变为紫色。

氯仿-浓硫酸反应(Salkowski 反应):将样品溶于氯仿,沿壁滴加浓硫酸后,在氯仿层呈现红色或蓝色,硫酸层有绿色荧光。

(2) 熔点测定:289 ℃。

**3. 薄层色谱鉴定**

取水解后所得的粗皂苷元溶于1 mL乙醇中,作为试品溶液。另取甘草次酸对照品,加无水乙醇溶解制成每1 mL中含1 mg的溶液,作为对照溶液。吸取试品溶液和对照液各5 uL分别点于同一硅胶G薄层板上,以石油醚(30～60 ℃)-苯-醋酸乙酯-冰醋酸(10∶20∶7∶0.5)为展开剂,展开取出,晾干,喷以10%磷钼酸乙醇溶液,在105 ℃烘约5 min。试品溶液在与对照溶液相应的位置上,显相同颜色的斑点。

**4. 高效液相色谱鉴别**

比较试品溶液和对照液保留时间:

标准品:甘草次酸无水乙醇液;

样　品:粗皂苷元的无水乙醇液;

色谱柱:ODS柱;

流动相:MeOH-$H_2O$。

# 实验 26　黄芩苷的提取分离（设计性实验）

## 实验目的

（1）学习查阅天然药物化学主要文献资料的方法。

（2）通过分析文献资料，结合所学知识，学生自己设计并实施提取分离黄芩苷，并进行结构鉴定，以提高学生独立思考和解决问题的能力。

（3）要求学会系统查阅国内外文献的方法，要有详细的阅查记录及资料，写出综述，综述内容如黄芩的植物来源、品种、科属及分布；黄芩苷的临床应用和药理活性研究概况；黄芩中主要化合物的名称、熔点、结构、理化性质、提取分离方法、结构鉴定手段等。

## 实验原理

黄芩苷是中药黄芩中具有抗菌作用的主要有效成分，对革兰氏阳性和阴性细菌有抑制作用，临床上用于上呼吸道感染，急性扁桃腺炎、急性咽炎、肺炎及痢疾等疾病。近年来有报道称黄芩苷可用以治疗肝炎，有降低转氨酶的作用，如市售中成药银黄口服液、银黄片中的主要成分之一就是黄芩苷。

黄芩为唇形科植物黄芩（*Scutellaria baica lensls* Georg）的根。从黄芩根中提取分离出的黄酮类成分有 6 种，黄芩素（5，6，7-三羟基黄酮）及其苷（C7-葡萄糖醛酸）、汉黄芩素（5，7-二羟基-8-甲氧基黄酮）及其苷（C7-葡萄糖醛酸）、7-甲基黄芩素及 5，8-二羟基-7-甲氧基黄酮，其中以黄芩苷（*Baicalin*）含量最高，而汉黄芩素（*Wogonln*）则是我国黄芩中所特有的成分。

## 实验内容

### 1. 黄芩苷提取分离方法设计

根据文献资料及所学有关知识简述提取纯化分离黄酮类化合物的方法；设计提取纯化黄芩苷的方法；列出所需实验材料的名称及规格，并安排实验步骤。

### 2. 黄芩苷的结构鉴定

简述检验一个化合物纯度的方法、黄酮结构鉴定的程序；用化学和波谱方法确定其结构的途径；根据黄芩苷的结构提出鉴定其结构的具体方案，将各方案分组讨论，优选好的方案进行实验。

# 参 考 文 献

[1] 尹芳华，钟璟. 现代分离技术[M]. 3 版. 北京：化学工业出版社，2008.
[2] 周宛平. 化学分离法[M]. 北京：北京大学出版社，2007.
[3] 方宾，阚显文. 近代分离方法导论[M]. 合肥：安徽人民出版社，2006.
[4] 丁明玉. 现代分离方法与技术[M]. 北京：化学工业出版社，2006.
[5] 耿信笃. 现代分离科学理论导论[M]. 北京：高等教育出版社，2001.
[6] 武汉大学. 分析化学：上册[M]. 5 版. 北京：高等教育出版社，2006.
[7] 华中师范大学，等. 分析化学[M]. 4 版. 北京：高等教育出版社，2011.
[8] 韩葆玄. 定量分析[M]. 北京：纺织工业出版社，1993.
[9] 孙盈. 含钼废水中钼的溶剂萃取分离研究[D]. 吉林大学硕士毕业论文，2009.
[10] 刘扬. 新型亲和反胶团系统及其蛋白质特性研究[D]. 天津大学硕士毕业论文，2006.
[11] 冯旭东. 新型金属螯合亲和反胶团对 EGFP 萃取特性珠研究[D]. 天津大学硕士毕业论文，2009.
[12] 徐宝财，王媛，肖阳，等. 反胶团萃取分离技术研究进展[J]. 日用化学工业，2004(06).
[13] 赵晓红. 双水相萃取/浮选分离—富集环境中持久性污染物的研究[D]. 江苏大学博士毕业论文，2011.
[14] 于娜娜，张丽坤，朱江兰，等. 超临界流体萃取原理及应用[J]. 化学中间体，2011(08).
[15] 李核，李攻科，张展霞. 微波辅助萃取技术的进展[J]. 分析化学，2003(10).
[16] 秦总根，涂伟萍. 微波协助萃取技术的研究与应用进展[J]. 石油化工，2003.

[17] 刘春娟. 微波萃取技术应用及其研究进展[J]. 广东化工，2008(03).
[18] 赵利剑，杨亚玲，夏静. 固相萃取技术的研究[J]. 四川化工，2005(03).
[19] 杨伟伟，骆广生，龚行楚，等. 溶剂微胶囊：现代萃取技术发展的核心之一[J]. 化工进展，2004(01).
[20] 李玉波. 离子交换树脂连续式移动床提取 VC 过程的研究[D]. 天津大学硕士毕业论文，2003.
[21] 史骥. 离子交换材料去除模拟低水平放射性废水中核素的研究[D]. 上海交通大学硕士毕业论文，2010.
[22] 张晓滨. 离子交换树脂在纯水制备方面的应用[J]. 化工工程师，2012(07).
[23] 袁倚盛. 浅谈色谱[M]. 北京：化学工业出版社，2010.
[24] 弓爱君，弓文秀. 高等色谱[M]. 北京：化学工业出版社，2009.
[25] 傅若农，顾峻岭. 近代色谱分析[M]. 北京：国防工业出版社，1998.
[26] 刘虎威. 气相色谱方法及应用[M]. 北京：化学工业出版社，2000.
[27] 刘虎威. 实用色谱技术问答[M]. 北京：化学工业出版社，2009.
[28] 刘青青，贾丽. 毛细管电泳技术在氨基酸分析中的研究进展[J]. 分析测试学报，2009(28).
[29] 何忠效，张树政. 电泳[M]. 北京：科学出版社，1999.
[30] 屈锋，韩彬，邓玉林，等. 自由流电泳及其应用研究进展[J]. 色谱，2008(26).
[31] 沈霞. 电泳技术的现状和发展[J]. 中华检验医学杂志，2001(24).
[32] 徐其亨. 浮选分离及其在分析化学中的应用[J]. 化学通报，1981(11).
[33] 高任龙，尹秋响. 溶剂气浮分离技术进展[J]. 化学工业与工程，2007(24).
[34] 毕鹏禹. 溶剂浮选技术的新应用及理论模型研究[D]. 北京化工大学博士毕业论文，2001.
[35] 王湛，周翀. 膜分离技术基础[M]. 2 版. 北京：化学工业出版社，2006.
[36] 李旭祥. 分离膜制备与应用[M]. 北京：化学工业出版社，2004.
[37] 任建新. 膜分离技术及其应用[M]. 北京：化学工业出版社，2003.

[38] 黄维菊，魏星. 膜分离技术概论[M]. 北京：国防工业出版社，2007.
[39] 陈艳，曾艳，王艳芬. 分析化学实验讲义[Z]. 武汉：武汉科技大学，2005.
[40] 姜璋. 化工实验技术：上[M]. 北京：中国石化出版社，2009.
[41] 张水华. 食品分析实验[M]. 北京：化学工业出版社，2006.
[42] 周其镇. 大学基础化学实验：I [M]. 北京：化学工业出版社，2000.
[43] 陈钧辉，李俊，张太平. 生物化学实验[M]. 4 版. 北京：科学出版社，2012.
[44] 卢阳. 选矿实验指导书[Z]. 焦作：河南理工大学，2008.
[45] 王文侠. 超临界二氧化碳流体萃取植物油实验[Z]. 齐齐哈尔：齐齐哈尔大学，2010.
[46] 傅延勋，杨伟华，徐铜文. 化学工程基础实验[M]. 合肥：中国科学技术大学出版社，2010.
[47] 李子荣，陈君华. 基础化学实验[M]. 合肥：合肥工业大学出版社，2010.
[48] JC/T 753-2001，硅质玻璃原料化学分析方法[S].
[49] 高凤燕，朱春霞. EDTA 滴定法快速测定铝锰镁合金中铝和镁方法探讨[J]. 分析试验室，2008(12).
[50] 罗宗铭，张冬荀. 在混合表面活性剂存在下铬菁 R 与铝(Ⅲ)的显色反应及其应用[J]. 广东工业大学学报，1991(04).
[51] 陆伟星. 微波消解－ICP 发射光谱法测定钢中的全铝量[J]. 梅山科技，2004(01).
[52] 商艳芬. 石英砂的分析方法[J]. 河北化工，2010(05).
[53] 李医明. 中药化学实验[M]. 北京：科学出版社，2009.
[54] 李炳奇. 天然产物化学实验技术[M]. 北京：化学工业出版社，2012.
[55] 张梅. 中药化学基础[M]. 北京：化学工业出版社，2006.
[56] 卢艳花. 中药有效成分提取分离技术[M]. 北京：化学工业出版社，2006.
[57] 匡海学. 中药化学[M]. 北京：中国中医药出版社，2003.
[58] 林启寿. 中草药成分化学[M]. 北京：科学出版社，1997.